应用型高等院校经管类系列实验教材·数 学

U0662919

数据分析与SAS实验

廖文辉/编著

ShuJu FenXi Yu SAS ShiYan

经济科学出版社
Economic Science Press

图书在版编目（CIP）数据

数据分析与 SAS 实验／廖文辉编著 . —北京：
经济科学出版社，2010. 7 （2017. 7 重印）
（应用型高等院校经管类系列实验教材·数学）
ISBN 978 - 7 - 5058 - 9669 - 7

Ⅰ. ①数… Ⅱ. ①廖… Ⅲ. ①统计分析 -
应用软件，SAS - 高等学校 - 教材 Ⅳ. ①C812

中国版本图书馆 CIP 数据核字（2010）第 135613 号

责任编辑：白留杰　戴小敏
责任校对：杨晓莹
技术编辑：李　鹏

数据分析与 SAS 实验
廖文辉　编著
经济科学出版社出版、发行　新华书店经销
社址：北京市海淀区阜成路甲 28 号　邮编：100142
教材编辑中心电话：88191354　发行部电话：88191540
网址：www. esp. com. cn
电子邮件：bailiujie518@ 126. com
北京汉德鼎印刷有限公司印刷
华玉装订厂装订
787×1092　16 开　9. 75 印张　200000 字
2010 年 8 月第 1 版　2017 年 7 月第 2 次印刷
ISBN 978 - 7 - 5058 - 9669 - 7　定价：19. 00 元

总　序

　　实践教学是高等教育本质的必然要求，是践行应用型人才培养的必经之路，是地方行业性教学型本科院校办学的重要特征。近几年来，各高校经济与管理类专业实验教学已经逐步开展，把实验教学作为教学改革的抓手、知识融合的平台以及联系社会的桥梁，然而如何进一步完善实验教学体系、提高实验实践教学水平与质量已经成为各高校亟待解决的问题。应用型高等院校经管类系列实验教材以提高高等院校经济与管理类专业实验教学的建设水平为目的，以实验教材建设为突破口，探讨高等院校经济与管理类实验教材的新方向、新思路、新内容、新模式。

　　本系列实验教材的编写紧紧围绕"知行合一，能力为尚，积淀特色，共享协作"的地方行业性教学型经济与管理类实验教学理念，贯彻以现代教育技术为基本手段，以实验资源共享与应用为条件，强化理论教学与实践教学互动与互补，"实践与理论相结合"和在"做中学"的指导思想，强调实验教材建设与实验课程建设、实验项目建设、实验教师队伍建设以及深化实验教学改革相结合，力图通过系列教材建设规范实验教学内容和实验项目，促进实验教学质量的提高。

　　（一）本系列实验教材内容与教学方式符合实验教学规律和要求。具体表现在以下几个方面：

　　1. 实验教材以实验项目为章节，按如下体例编写：实验目的和实验要求；实验的基本原理；实验仪器、软件和材料或实验环境；实验方法和操作步骤；实验注意事项；数据处理和实验结果分析；实验报告。当然，对于不同的课程，根据其本身的学科特点，实验教材的编写体例并不完全一致。

　　2. 增加综合性、设计性、创新性实验项目的比例，并逐步将科研成果项目转化为教材的实验项目。

　　3. 与当前流行的实验平台软件或硬件及教材内容紧密结合，符合一般软件要求。

　　4. 充分体现以学生为主体，明确实验教学的内涵。实验教学过程体现以学生操作为主，教师辅导为辅，少量时间教师讲解，大部分时间学生操作的特点。

　　5. 按实验教学规律分配学时，并且有多余的实验项目供学生利用开放实验室自主学习。

　　6. 内容精练，主次分明，详略得当，文字通俗易懂，图表与正文密切配合。

　　（二）本系列实验教材遵循实验教学规律，体现时代特色，总体来说，具有以下四个特点：

　　1. 与现代典型案例相结合。以培养应用型人才为原则，根据实验教学大纲，注重理论联系实际，教材具有较强的实践性、新颖性、启发性和适用性，有利于培养学生的实践能力和创新能力。

　　2. 建设形式新颖。实验教材分为纸质实验教材和网络资源的形式；纸质教材实验报告尝试做成活页形式，或做成可撕下的带切割线形式；在纸质教材出版，配套建有供学生实验前和实验后学习使用的网络资源。

3. 实验内容创新。对于实验教材编写内容上的创新，一是凸显应用型人才培养特色实验项目，提高了综合性、设计性、创新性实验项目的比例；二是将教师的科研成果转化为本科学生实验教学项目。

4. 编写程序严格。对实验教材的申请立项的实验教材经由学院领导及专家进行立项审查；实验教材初稿经由相关同行专家给出鉴定，最终审核后，送交出版社评审出版。

本系列教材得到各方面人士的指导、支持和帮助，尤其是得到中国经济信息学会实验经济学与经济管理实验室专业委员会的专家，广东金电集团等多家业界人士，以及各高校同行老师们的支持和帮助，我们在此表示由衷的感谢。本系列实验教材尚处于探索阶段，作为一种努力和尝试，存在诸多不足之处，竭诚希望得到广大同行及相关专家的批评指正。

应用型高等院校经管类系列实验教材编委会
2009 年 12 月

前　言

　　当今是一个信息时代，但是归根结底，信息的载体是数据，因此，获取、管理与分析处理数据在信息时代是一个无法回避的问题。这些工作离不开计算机数据分析软件，SAS 系统就是这样一款软件，全称为 Statistics Analysis System，是用于决策支持的大型集成信息系统。至今，统计分析功能仍是它的重要组成部分和核心。经过多年的发展，SAS 已被全世界 120 多个国家和地区的近 3 万家机构所采用，直接用户超过 300 万人，遍及金融、医药卫生、生产、运输、通讯、政府和教育科研等领域。在数据处理和统计分析领域，SAS 系统被誉为国际上的标准软件系统，并在 1996～1997 年度被评选为构建数据库的首选产品，堪称统计软件领域的巨无霸。我们培养的学生是要进入一个数据信息高度密集的行业，也是 SAS 软件首要应用的行业。

　　数据分析与 SAS 实验作为一门较新的实验课程，市场上有针对的教材比较缺乏，在学院和系的大力支持下，我们编写这本实验教材。本教材针对具有概率统计和多元统计基础的本科生编写。本书从 SAS 软件编程技术、数据分析方法介绍入手，将统计分析方法应用于金融分析中，对证券市场投资理论进行实证分析。在提供运用统计方法来进行金融实证研究方法的基础上，突出对学生运用数学工具和计算机工具进行实证分析能力的培养。

　　本书不仅展现了 SAS 软件技术应用，同时也力求使读者对数据分析有一个较深的了解，以使读者在金融数据分析和统计模型上有更深入学习和研究。本书适合作为具有一定概率统计基础的财经专业的学生使用的实验教材。

　　本书在写作的过程中得到了陈员龙和骆世广老师以及许多同学的帮助，他们是刘坤、周浩铭、曹义亮、谢泽芬、陈虹朱和陈利湖等，在此特表示衷心的感谢。限于作者的水平，书中存有不少不足之处，敬请读者批评指正，以待再版改正。

编　者

目　录

SAS 软件系统入门

　　在当今的信息时代，我们每天都生活在纷繁复杂的数据海洋中，如何管理好这些各式各样的数据，如何从每天接触到的海量数据中提取出对我们工作、生活有用的信息，帮助我们作出有利的决策，提高工作效率，排除各种干扰数据对我们造成的伤害，就成了一个非常重要的问题。数据已经成为我们工作生活中和外界交流的一种必不可少的语言，读懂数据肯定需要借助一些方法和工具，统计分析理论为我们处理分析数据提供了很多很好的方法和理论。但是面对海量数据的处理分析工作，没有计算机相关的应用软件是不可能完成的，而SAS 软件就是一款这样功能强大的应用软件系统。

　　SAS（Statistical Analysis System）是由美国北卡罗莱纳州的 SAS Institute 公司开发的一款统计软件，它被广泛应用在商业、科研和金融领域。SAS 软件不仅具有强大的统计分析功能，而且具有一般数据库软件的数据管理功能。

　　SAS 软件是一个模块化、集成化的大型应用软件系统。它由几十个专用模块构成，如：SAS/BASE、SAS/STAT、SAS/ETS、SAS/OR、SAS/IML 和 SAS/GRAPH 等等，功能非常强大，包括数据访问、数据储存及管理、图形处理、数据分析、应用开发、运筹学方法、报告编制、计量经济学与预测、医学统计与应用和生存分析等等。SAS 软件系统基本上可以分为四大部分：SAS 数据库部分；SAS 分析核心；SAS 开发呈现工具；SAS 对分布处理模式的支持及其数据仓库设计。SAS 软件系统主要完成以数据为中心的四大任务：数据访问；数据呈现；数据管理；数据分析。截至 2007 年，软件最高版本为 SAS9.2。

　　运用 SAS 的技术水平可以分为以下三个层面。第一层面：会使用 SAS 菜单以及一些菜单界面的 SAS 模块，如 Insight、Analyst 等，了解初步的 SAS Base 语句，能用 SAS 软件系统作简单的数据分析和加工处理，具有一定的数理统计知识，掌握一定的 SAS Stat 过程。第二层面：精通 SAS Base，能用 SAS 语言编写复杂的 SAS 程序，能用 SAS Base 进行大型的、复杂的数据加工整理和展现，掌握 SAS 和外部数据文件的接口，会进行复杂的统计建模和分析等，初步掌握一种基于 SAS 的开发工具。第三层面：在一、二层次基础上，进一步掌握SAS/AF、SAS/IML 等，能开发基于 SAS 的数据管理和分析模块。

　　本绪论目的就是让初学者能够快速地熟悉 SAS 软件系统的应用，利用 SAS 语言具有丰富的数据管理功能，对数据读入、输出、复制、拆分、排序、合并、修改和查询等等操作，完成一些简单的数据处理和分析，即快速提升到 SAS 使用技术的第一层次水平上来。

一、认识 SAS 的使用界面

（一） SAS 系统的启动

在 Windows 环境中，有如下几种方法进入 SAS 系统的窗口运行环境：
- 用鼠标打开菜单项：然后从"Start"→"程序"→The SAS System→The SAS System for Windows V8 进入 SAS 系统。
- 如果 SAS 系统安装在桌面上建立有快捷方式图标，双击图标 ▒ 启动 SAS 软件。

（二） SAS 系统的操作界面

SAS 系统启动后，就进入到操作界面。操作界面的标准名称为 SAS AWS（SAS Application Workspace），中文名称为 SAS 的应用工作空间。

与 Windows 的其他应用程序一样，SAS AWS 是一个多窗口操作界面：在一个主窗口内包含若干个子窗口，并有标题栏、工具栏、状态栏和菜单栏等，如图绪 1 所示。

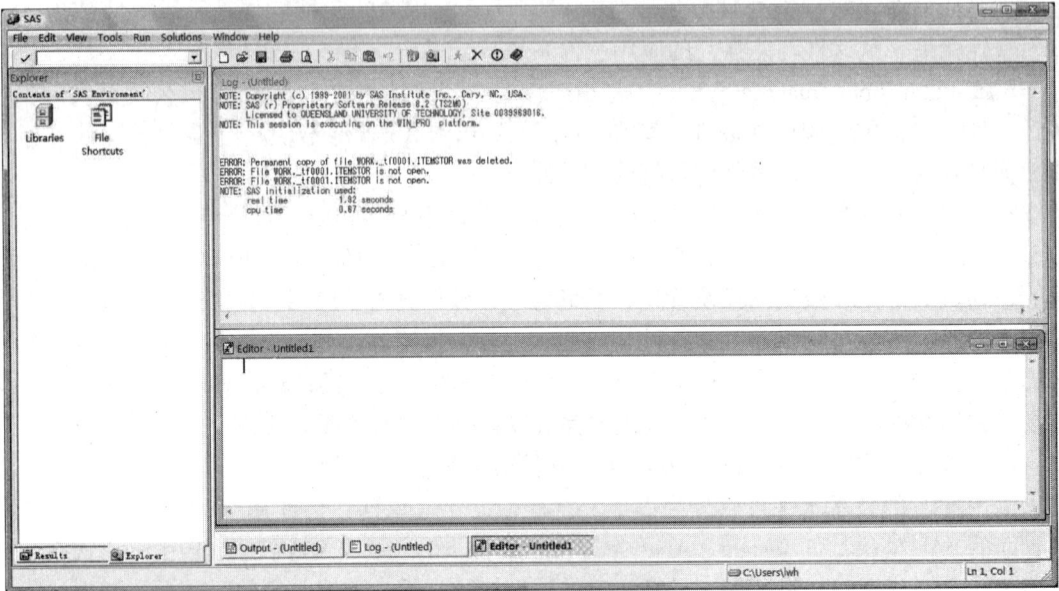

图绪 1　SAS 的操作界面

1. 子窗口。SAS 是一个典型的多文字界面系统，因此在其窗口主体内可以有多个子窗口。但当前子窗口只有一个，即标题栏以深蓝色显示的那个。我们所作的操作均是针对当前子窗口的，如果要对其他子窗口进行操作，则需将其切换为当前子窗口。

SAS 系统的子窗口有十几个，你可以在 View 的下拉菜单中看到这些窗口，但初始状态下能见到的是最常用的 5 个子窗口：运行记录窗口（Log）、显示结果窗口（Output）、浏览器窗口（Explore）、输出窗口（Results）和程序编辑器（Editor），通过点击工作区下方的标签或者窗口上面的蓝色标题栏都可以切换当前子窗口。

通常，在 Editor 窗口输入 SAS 程序，选择菜单项 Run→Submit，或者直接点击工具栏上的按钮 ✗ 就可以运行程序；在 Output 窗口中查看结果；在 Graph 窗口中查看图形输出结果；如果进行多次输出，Output 窗口便以运行先后次序保存了这些运行的结果，这时需要从 Results 窗口查看结果，用"+"和"-"来表示目录的隐藏和展开，用鼠标可以自由切换；Log 窗口给出了程序运行的信息，如果程序有错误，则在相应位置以不同颜色给出相应的提示，可以根据提示修改错误。如果 Output 窗口或 Log 窗口的信息过多，造成混乱，也可以在主菜单 Editor 中选择 Clear 清除当前窗口的信息，或者在命令行中输入 Clear 命令。

下面是 5 个常用子窗口的功能和特点：

● Output 窗口：用功能键 <F7> 或选择菜单项 View→Output 可以打开 Output 窗口。显示 SAS 程序中各过程的运行结构。输出结果分页显示，可以保存输出结果为文件。

● Log 窗口：用功能键 <F6> 或选择菜单项 View→Log 可以打开 Log 窗口。记录程序的运行情况。显示运行是成功还是出错、运行所用的时间、运行过程中数据表的结构、如果出错错在什么地方等。运行记录窗口中以红色在相应的位置显示错误信息。

● Results 窗口：通常和浏览器窗口（Explore）重叠在一起，直接用鼠标切换或者选择菜单 View→Results 可以打开 Results 窗口。管理 SAS 程序的输出结果，将提交执行的 SAS 程序的结果，依次排列为树状结构，每个过程的结果表示为一个结点，展开这个结点进一步看到表示不同输出内容的子结点。用鼠标右键点击结点，可以对该输出结果进行查看、存储、打印和删除等操作。

● Explore 窗口：选择菜单项 View→Explore 可以打开 Explore 窗口。管理 SAS 逻辑库和存放在逻辑库中由 SAS 系统创建的数据文件和其他类型的 SAS 文件。可以创建、查看和删除 SAS 逻辑库；查看、复制和删除各种 SAS 文件。

● Editor 窗口：用功能键 <F5> 或选择菜单项 View→Enhanced Editor 可以打开 Editor 窗口，且可以同时打开多个 Editor 窗口。增强的程序编辑器，可以用不同的颜色显示 SAS 程序的不同部分，程序的关键字为蓝色，并对 SAS 命令的语法进行检查；可以自动输进排列程序文本，可以折叠一段程序。其操作类似于 Windows 在文本文档的操作，可以对所编辑文本（主要是 SAS 程序）进行选中、复制、粘贴、剪切等操作。

2. 菜单栏。SAS 主窗口标题栏下是主菜单，一般有 File（文件）、Edit（编辑）、View（浏览）、Tools（工具）、Run（运行）、Solutions（解决）、Windows（窗口）和 Help（帮助）等子菜单。其中，File（文件）菜单主要是有关 SAS 文件调入、导出、保存、转换及打印等功能。Edit（编辑）菜单用于窗口的编辑（如清空、复制、剪切、粘贴、查找、替换）。View（浏览）菜单可以打开或切换到 SAS 的各个工作窗口，如 Editor 窗口、Explore 窗口等。Tools（工具）菜单可以打开一些 SAS 系统提供的小工具如图像编辑器、修改 SAS 运行选择等功能。Run（运行）菜单用于程序执行、远程调用等，仅当 Editor 窗口为当前窗口时有效。Solutions（解决）菜单是 SAS 菜单图形操作界面模块的入口，比如 Insight、Analyst（分析家）、Assist 等模块的调用都可以通过 Solutions 菜单完成。SAS 菜单是动态的，其内容随上下文而不同，即光标在不同窗口时菜单也不同。

3. 工具栏。主菜单下是一个命令行窗口和工具栏。命令行窗口主要用于与 SAS 较早版本的兼容，可以在这里键入 SAS 的显示管理命令，如上面说的 Clear 命令。工具栏提供了常见任务的快捷方式，比如保存、剪切、复制、粘贴、运行、帮助等。SAS 工具栏也是动态的，其内容跟当前工作窗口一致，不适用当前窗口的快捷菜单会变成灰色。表绪 1 是编辑窗口时工具栏的具体解释：

表绪 1 编辑窗口上的功能说明

名　称	功　能
New	新建当前编辑窗口的一个文件
Open	打开文件到当前编辑窗口。用户指定一个文件调入到编辑窗口内，以后的存盘操作将自动存入这个文件
Save	保存当前编辑窗口的内容，注意如果此窗口已经与一个文件相联系，此功能将覆盖文件的原有内容而不提示，如果想不覆盖则要另存为
Print	打印当前窗口内容
Print preview	打印预览
Cut	剪切选定文本或文件
Copy	复制选定文本或文件
Paste	粘贴选定文本或文件。这些操作都是对 Windows 的剪切板进行的，所以可以与其他使用 Windows 剪切板的应用程序交换文件和数据等
Undo	撤销上一步的编辑操作
New Library	新建 SAS 逻辑库
SAS Explorer	打开 SAS 的 Explorer 管理器窗口
Submit	运行（提交）SAS 系统的程序
Clear All	清空当前窗口内容
Help	使用 SAS 的帮助界面。也可以从菜单进入 SAS 帮助

4. 状态栏。SAS 系统界面的状态栏中显示当前工作目录，这是文件打开、保存的默认目录。双击此处可以更改当前工作目录。

（三）SAS 系统的退出

在 SAS 应用工作空间中选择菜单 File→Exit，打开 Exit 对话框，单击"确定"按钮或者直接单击关闭按钮，都可退出 SAS 系统。

下面介绍一些常用的功能键，用功能键可以代替对菜单的点击，使用起来方便快速。最常用的功能键有：

F1：显示帮助信息（Help）；

F4：显示已经运行的程序（Recall）；

F5：进入编辑窗口（Pgm）；

F6：进入日志窗口（Log）；

F7：进入输出窗口（Output）；

F8：程序提交运行（Submit）；

F9：显示功能键（Keys）；

你熟悉了这些功能键的用法之后，还可以根据自己的习惯来定义或修改功能键。例如，可以定义 Ctrl + E 为功能键来清屏，代替命令 Clear。

二、数据步与过程步

在 SAS 系统中提供了大量的菜单操作，不过它灵活与强大的功能更体现在编程上。本书的实验全部是以程序完成的，所以这里对 SAS 的菜单操作系统不作介绍，想了解相关内容可以参考其他有关 SAS 书籍。

在 SAS 程序中，对数据的分析处理可划分为两大步骤：

（1）将数据读入 SAS 系统建立的 SAS 数据集，称为数据步（Data）；

（2）调用 SAS 的模块处理和分析数据集中的数据，称为过程步（Proc）。

每一数据步都是以 Data 语句开始，以 Run 语句结束。每一过程步则是以 Proc 语句开始，以 Run 语句结束。当有多个数据步或过程步时，由于后一个 Data 或 Proc 语句可以起到前一步的 Run 语句的作用，两步中间的 Run 语句也就可以省略。但是最后一个的后面必须有 Run 语句，否则不能运行。

SAS 系统还规定，每个语句后面都要用符号";"作为这个语句结束的标志。

在编辑 SAS 程式时，一个语句可以写成多行，多个语句也可以写成一行；可以从一行的开头写起，也可以从一行的任一位置写起。每一行输入完成后，用 Enter 键可以使光标移到下一行的开头处，和我们在 Windows 下进行 Word 文档编辑相似。

例如：data zhouhm;

input name $ sex $ math Chinese;

cards;

王家宝　男 82 98

李育萍　女 89 106

张春发　男 86 90

王　刚　男 98 109

刘　颖　女 80 110

彭　亮　男 92 105

;

proc print data = zhouhm;

proc means data = zhouhm mean;

var math Chinese;

run;

（一）Data 数据步简介

下面介绍 SAS 系统的 Data 数据步的一般形式、常用语句以及几个常用功能。

1. 建立 SAS 数据集。利用数据步建立 SAS 数据集，通常有两种方式可以输入数据：一是将数据排列在变量名串之后；二是通过外部数据文件直接读取。

通过程序录入数据的一般语法格式为：

data <数据集名>；

input <变量名 1> ［＄］［d］ <变量名 2> ［＄］［d］... <变量名 k> ［＄］［d］；

cards；

s11   s12…s1k

…

sn1   sn2…snk

；

run；

说明：

（1）Data 语句指定要建立的 SAS 数据集名，通常也包括逻辑库名，如：Sasuser. zhouhm，把建立的数据集"zhouhm"存入逻辑库 Sasuser 中。如果句中省略逻辑库名，则表明建立的是临时库 Work 中的一个临时数据表。

（2）Input 语句将下面的数据录入并指定将其赋予给后面定义的每个变量。因此，在录入 Input 语句中，必须给出有效的 SAS 变量名和变量类型。可用选项"＄"表示该变量为字符型变量，默认则表示为数值型变量，用［d］来指定数据的宽度，用法可以参考后面具体的实验。

（3）Data、Input 和 Cards 三个关键词缺一不可，Cards 后面的是数据行。

（4）如果 Cards 后面的数据行有重复的域，可以在 Input 语句的末尾增加行停留符"@@"，启动自动换行的功能，以便接着读入后续的数据。

例如：

data zhouhm；

input number name ＄@@；

cards；

200641001 zhang 200641002 wang 200641003 gun

200641004 zhu

；

run；

直接从外部数据文件中读取的一般语法为：

data <数据集名>；

infile' <文件名>'；

input <变量名 1> <变量名 2>... <变量名 k>；

run；

说明：这种方式中用 Infile 语句指定了一个外部数据文件，所有需要输入的数据存放在该文件中，从而取代了上一种方式中的 Cards 语句及其下列的一连串数据，当数据比较多的时候，用这一种方式可以使程序看上去显得比较简洁，具有一些优越性。这里 Infile 语句位置在 Input 语句之前，而在上一种方式中，Cards 语句位置在 Input 语句之后，这些位置是不能随便更换的。

例如：

data zhouhm;

infile′d：\ data \ c2006. txt′;

input name ＄sex ＄english chinese;

run;

2. 数据集的复制与修改。用 Set 语句可以把一个已有数据集复制到另一个新数据集，同时还进行修改。当然如果只是复制数据集，用管理器（SAS Explorer）菜单操作完成即可。set 语句的语法格式有两种，有些功能有重复。

格式一的语法形式为：

data ＜新数据集名＞;

set ＜数据集名＞;

［keep ＜计划保留的变量名列表＞;］

［drop ＜计划丢弃的变量名列表＞;］

［if ＜条件＞ ［then ＜语句＞］;］

run;

说明：

（1）如果后面三个选项都不选，就是将数据集进行简单复制。比如要把临时数据集 Work. zhouhm 复制为永久逻辑库中的数据集 Mylib. liuk，程序如下：

data mylib. liuk;

set zhouhm;

run;

这个程序中有一个隐含循环过程，Set 是读取观测数据的语句，程序在数据步里面反复循环，直到数据集 zhouhm 最后一个观测数据被读过，循环才结束。Set 语句也可以在复制过程的同时给数据集增加一个新的变量：

data zhouhm;

set zhouhm;

meanavg ＝ math* 0. 4 + chinese/119* 100* 0. 6;

run;

（2）使用 if. . . Then. . . 语句可以在复制的同时对生成的数据集进行有条件的修改。比如可以把超过 90 分的语文成绩改为 90 分，程序如下：

data zhouhma;

set zhouhm;

if chinese ＞90 then chinese ＝90;

run;

（3）使用 keep 语句可以指定要保留的变量。程序如下：

data zhouhmb;

set zhouhm;

keep name avg;

run;

/＊这样生成的数据集 zhouhmb 就只包含 Name 和 Avg 两个变量＊/

（4）使用 Drop 语句可以指定要丢弃的变量。如上例程序中的 Keep 语句换成下面语句即可：

drop name math chinese；/＊用这种方法可以取出数据集的一部分列组成新数据集＊/

（5）使用 if 语句可以任意指定一个条件，根据这个条件取出数据集中某些行组成新的数据子集。如我们想取出数学分数 80 分以上、语文分数 90 分以上的学生的观测值，程序如下：

data zhouhm；

set zhouhm；

if math ＞＝80 and chinese ＞＝90；

run；

/＊上面的语句也可以写成 if（math ＞＝80）&（chinese ＞＝90）；这样更简洁。如果是逻辑或则用"or"或者"｜"。＊/

格式二的语法形式为：

data＜新数据集名＞；

set＜数据集名＞［＜选项＞］；

［if＜条件＞［then＜语句＞］；］

run；/＊set 后面的［＜选项＞］还可以放在 data 语句之后＊/

语句说明：选项包括 Keep＝，表示引入时只要指定的变量；Drop＝，表示不引入指定的变量；Obs＝，表示读取观测时读到指定的序号为止（注意是以序号为准而不是观测数）；Firstobs＝，表示从指定序号的观测值开始读取而跳过之前的观测值不读。

3. 数据集的拆分。使用 Set 和 Output 语句可以根据某种分类条件把数据行分别存放到不同的数据集中去，其语法格式为：

data＜新数据集 1＞＜新数据集 2＞……；

set＜数据集名＞［＜选项＞］；

select（＜选择表达式＞）

［when（＜条件 1＞）output＜新数据集 1＞；］

［when（＜条件 2＞）output＜新数据集 2＞；］

...

end

run；

例如，如果想把数据集 zhouhm 中的所有男生的观测值放在数据集 c200601m 中，而把其余女生的观测值放到 c200601f 中，程序如下：

data c200601m c200601f；

set zhouhm；

select（sex）；

when（'男'）output c200601m；

when（'女'）output c200601f；

otherwise put sex = ′wrong′;

end;

drop sex;

run;

在这个程序里有两点需要注意：①在 Data 语句中，我们指定了两个数据集名，而指定数据集名的个数需要根据你拆分的个数保持一致；②程序中用 Set 语句引入了一个数据集，如何将这个数据集的观测值分配到两个结果数据集中呢？关键在于 Select 语句和 Output 语句。Select 语句指定变量，而它附带的 when 语句确定条件；Output 语句是可执行语句，它执行命令把当前观测值写到语句指定的数据集中去，上例中就是就根据 Select 的结果把不同性别的观测值分别放到两个不同数据集中去了。

4. 数据集的合并。数据集的合并根据方向的不同可以分为纵向合并和横向合并。纵向合并一般是多个数据集中的变量是一致的，但观测值的序号数不一致，而横向合并恰好相反，是数据集中观测值的序号数一致但变量是不一致的。

（1）纵向合并。如果两个（或多个）数据集中包含了同样的变量，就可以进行数据集的纵向合并。纵向合并的方法相当简单，就是使用 Set 语句就可以将几个结构相同的数据集上下连接到一起。其一般语法格式如下：

data <新数据集名>；

set <数据集 1> ［(in = <变量名 1>)］ <数据集 2> ［(in = <变量名 2>)］……；

［if <变量名 1> =1 then <变量名> = <值 1>；］

［if <变量名 2> =1 then <变量名> = <值 2>；］

……

run;

例如，在前面我们把 zhouhm 数据集按男、女拆分成 c200601m 和 c200601f 两个数据集并抛弃了性别变量，可以用如下程序连接两个数据集并恢复性别信息：

data new;

set c200601m (in = male) c200601f (in = female);

if male =1 then sex = ′男′;

if female =1 then sex = ′女′;

run;

注意：在数据步中，如果观测值来自 c200601m，则变量 male 值为 1，如果观测值来自 c200601f，则变量 female 值为 1，这样可以使用这两个变量的值定义新变量 sex。从这个运行的结果我们可以知道，用数据集选项中的 in = 指定的变量并不能直接进入结果数据集而只能用于数据步程序运行中。

（2）横向合并。两个（或多个）数据集中如果包含了同样一些观测值的不同变量，且这多个数据集的相同的观测值是按顺序一一对应，就可以用带有 Merge 语句的数据步把这些数据集依据那些相同的观测值横向合并到一个数据集中，其一般的语法格式为：

data <新数据集名>；

merge <数据集列表>；

［by <变量 1> ［<变量 2>……］］；

run;

假如数据集 c200601u 包含学生的姓名、性别，数据集 c200601v 包含学生的数学成绩，数据集 c200601w 包含学生的语文成绩，且各个数据集中的观测值都是按顺序一一对应的，就可以用如下程序把它们横向合并到一个新的数据集 Lwh 中：

data lwh;

merge c200601u c200601v c200601w;

run;

说明：进行横向合并数据集时要注意到，如果各数据集的观测顺序并不一样时，就会把不同人的成绩合并到一起，这样就会弄乱了整个数据集。所以横向合并数据集时一般要采用按关键字合并方法，即先把每个数据集按照相同的且能唯一区分各观测值的一个（或几个）变量（By 变量）排序，然后用 By 语句和 Merge 语句联合使用，这样即使原来观测顺序不一致时也可以保证横向合并的结果不会出错。

（二）Proc 过程步简介

下面接着来介绍 SAS 系统的 Proc 过程步的一般形式、常用语句以及几个常用过程。

1. Proc 过程步的一般形式：

proc ＜过程名＞ ［data =＜输入数据集＞］［＜选项＞］；

 ＜过程语句＞/＜选项＞；

 ＜过程语句＞/＜选项＞；

run;

2. 过程步常用语句。过程步一般伴随着具体的数据分析处理过程进行，所以在过程步的语法格式中重点是"过程语句/选项"，下面就介绍几个常见的具体过程语句，更详细的用法读者可以参考相应书籍再认真体会。

（1）Var 语句。Var 语句在大多数过程中都用来指定分析变量，其格式为：

var ＜变量名 1＞＜变量名 2＞……＜变量名 n＞；

例如：

var english chinese;

（2）By 语句和 Class 语句。By 语句（Class 语句）在过程中通常用来指定一个或几个依据分类的变量，根据这些分类变量把观测值分组然后对每一组观测值分别进行本过程指定的分析。其语法格式为：

by ＜变量名 1＞＜变量名 2＞……；

在使用带有 By 语句的过程步之前先用 Sort 过程对数据集排序。如假设已经把 zhouhm 数据集按 sex 排序，则下列 Print 过程可以把男、女生分别列出：

proc print data = zhouhm;

by sex;

run;

（3）Output 语句。在过程步中经常用 Output 语句指定输出结果存放的数据集。不同过程中把输出结果存入数据集的方法各有不同，Output 语句是用得最多的一种。其一般格式为：

output out = <输出数据集名> <关键字> = <变量名> <关键字> = <变量名>...;

其中用 Out = 给出了要生成结果的数据集的名字，用"关键字 = 变量名"的方式指定了输出哪些结果（关键字是如 Means 过程中的 Mean，Var，Std 那样的要输出的结果名），等号后面的变量名指定了这些结果在输出数据集中叫什么名字。例如：

proc means data = zhouhm;

var english;

output out = result   n = n

means = meanenglish   var = varenglish;

run;

proc print data = result; run;

（4）Where 语句。用 Where 语句可以选择输入数据集的一个行子集来进行分析，在 Where 关键字后指定一个条件。其语法格式为：

where <条件>;

例如：Where English > =70 and Chinese > =70;

指定只分析英语、语文成绩都 70 分以上的学生。

（5）Format 语句。过程步中的 Format 语句可以为变量输出规定一个输出格式，比如：

proc print data = zhouhm;

fromat english 10. 1 chinese 10. 1;

run;

使得列出的语文、英语成绩宽度占 10 位，带一位小数。

（6）Label 语句。Label 语句为变量指定一个临时标签，为方便我们阅读数据集，很多过程都使用这样的标签语句。Label 语句的一般语法格式为：

label <变量名> = ′<标签>′ <变量名> = ′<标签>′……;

例如：

proc print data = zhouhm label;

fromat english 10. 1 chinese 10. 1;

id name;

var english chinese;

label name = ′姓名′ english = ′英语成绩′ chinese = ′语文成绩′;

run;

练 习 题

1. 先熟悉 SAS 系统的操作界面，然后完成下列操作：

（1）启动 SAS 系统，熟悉各个菜单的内容；

（2）掌握如何在编辑窗口、日志窗口、输出窗口、结果窗口之间切换；

（3）熟悉工具栏中的各项功能。

2. 按年月日从下列数据读入数据集 liuku 中。

19501001 19990901 19690908 19190504 20000601 19690927 19190504 20000601 19801123
19770612 19950304 19801123 19770623 19950304 19871125 19970701 19650812

3. ①将 Score 数据集的内容复制到一个临时数据集 liuku 中，如表绪 2 所示。②将 Score 数据集中 Alice 的英语成绩修改为 100，数学成绩修改为 80。③将数据集根据 Math、Chinese 和 English 拆分为三个不同数据集。分别得到 Math、Chinese 和 English 三个数据集。④将③题中得到的 Math、Chinese 和 English 三个数据集合并到数据集 zhouhm 中。

表绪 2   Score 数据集

Name	Sex	Math	Chinese	English
Alex	f	91	89	91
Alice	m	84	96	84
Bennie	f	83	93	83
Butt	m	80	80	80
Chris	m	89	79	89
Cook	f	82	82	82
Fred	m	91	93	91
Geoge	m	76	74	76
Hellen	f	84	80	84
Janet	f	84	86	84
Jenny	f	87	93	87
Kate	m	79	75	79
Mike	m	82	90	82
Tod	m	84	94	84
Tom	f	87	91	87
Wincelet	f	67	75	67

描述性统计量计算与正态性检验
（验证性实验）

一、实验原理

设 x_1，x_2，$\cdots$，x_n 是一组我们统计得来的观测数据，它可能是我们研究对象中的一部分，也有可能就是我们研究对象的全体。统计分析工作就是从这些观测值开始，首先要做的是对这 n 个数据进行整体的描述性分析（Descriptive Analysis），初步提取数据中包含的有用信息，以发现其内在的规律。如果这组数据只是我们研究对象中的一部分，那么还需要进一步分析、判断这部分数据中所包含研究对象全体的信息。对数据进行频率数统计、计算数字特征统计量和将数据进行图形化处理的过程统称为描述性统计分析。其基本目的是对数据的集中程度、分布形态、极端数据的概况等做一些概要性分析，然后作出说明现象与本质的初步结论。本实验设计目的是要使同学们掌握如何使用 SAS 对数据作描述性统计分析。

（一）统计学的基本概念

总体与样本。总体（Population）：研究对象的全体叫做总体，相当于集合论中的全集。总体参数（Parameter）：总体参数是用来描述总体特征的参数。如总体平均值（μ）、总体方差（σ^2）、总体比例（π）等。

样本（Sample）：样本是指从总体中抽取的部分代表对象组成的集合。样本中包含对象个体的总数称为样本容量。样本容量为 n 的样本常用 n 个随机变量 X_1，X_2，$\cdots$，X_n 来表示，而把其观测值（样本数据）则表示成为 x_1，$\cdots$，x_n。有时为简单起见，也不加区别。

样本统计量（Statistics）：统计量是用来描述样本特征的概括性值。如样本平均值（$\bar{x}$）、样本方差（s^2）、样本比例（P）等。

通常我们做数据分析都是直接对样本观测值进行，而总体参数一般是未知的，都是由样本观测值计算得到样本统计量，然后则用样本统计量来估计总体参数的值。在数据分析的过程中我们计算的样本统计量通常包括表示数据位置的统计量、表示数据分散程度的统计量和表示数据分布形状的统计量等。

（二）表示数据位置的统计量

如果想要用数字来简单地概括一组观测数据 $x_1, \cdots, x_n$ 的基本特征，可以使用样本位置统计量。常见的样本位置统计量有：样本均值、中位数、百分位数和众数等。

1. 样本均值（Mean）。样本均值是所有样本观测值的平均值，通常作为总体均值（μ）的估计值，是描述数据集数值中心的一个度量：

$$\bar{x} = \frac{1}{n} \sum_{i=1}^{n} x_i = \frac{x_1 + \cdots + x_n}{n}$$

2. 中位数（Median 或 Med）。中位数，通常记为 m_e，是描述观测数据中心位置的统计量，表示大于和小于中位数的数据各占全部样本观测值的一半。中位数突出优点是较稳健，不会受极端个别数据的影响。其计算方法是：首先将数据从小到大排序为：$x_{(1)}, \cdots, x_{(n)}$，然后计算：

$$中位数 = \begin{cases} x_{\left(\frac{n+1}{2}\right)} & n \text{ 为奇数} \\ \frac{1}{2}\left(x_{\left(\frac{n}{2}\right)} + x_{\left(\frac{n}{2}+1\right)}\right) & n \text{ 为偶数} \end{cases}$$

当观测值中间存在一些极端的数值时，用中位数代表观测值的中心比样本均值更合适。

3. 百分位数（Percentile）。百分位数也是描述数据分布和位置的统计量，它是中位数的推广。当把来自样本的观测值按从小到大顺序排列后，位于第 $p\%$ 位置的数值称为第 P 百分位数。所以，50 百分位数就是中位数，上、下四分位数称为 75 百分位数（75-percentile，约有 75% 的观测值小于它）和 25 百分位数（25-percentile，约有 25% 的观测值小于它）。一般地，k 百分位数（k-percentile），即约有 $k\%$ 的观测值小于它。

P 百分位数有时又用小数来表示，如 0.5 分位数就是中位数，0.75 分位数和 0.25 分位数就是上、下四分位数，并分别记为 Q_3 和 Q_1。

4. 众数（Mode）。我们把样本观测值中出现最多的数字称为众数。众数一般不如前面的样本位置统计量用得普遍。但在属性变量分析中，当需考虑频数时，众数用得多些。

（三）表示数据分散程度的统计量

1. 样本方差（Variance 或 Var）。样本方差是由各样本观测值到均值距离的平方和除以样本容量减 1：

$$s^2 = \frac{1}{n-1} \sum_{i=1}^{n} (x_i - \bar{x})^2 = \frac{(x_i - \bar{x})^2 + \cdots + (x_n - \bar{x})^2}{n-1}$$

通常作为总体方差（σ^2）的估计值。

2. 样本标准差（Standard Deviation 或 Std Dev）。样本方差的开方称为样本标准差：

$$s = \sqrt{s^2}$$

样本标准差的量纲与原变量一致，通常作为总体标准差（σ）的估计值。样本方差和样本标准差所反映的是样本观测数据对其均值的离散程度。样本标准差（或样本方差）较小的样本观测数据一定是比较集中在均值附近的，反之则是比较分散的。一般来说，样本均值是对数据分布中心最普通的度量，而样本标准差则是对数据分散程度最常用的度量。

3. 变异系数（Coefficient of Variation 或 CV）。变异系数是将样本标准差表示为样本均值的百分数，是观测数据分散性的一个度量，它常用来比较不同单位测量的数据的分散性：

$$CV = \frac{s}{\bar{x}} \times 100\%$$

4. 极差（Range）与半极差（Interquartile range）。样本观测值中的最大值和最小值之间的差叫做极差：

$$极差 = \max\{x_i\} - \min\{x_i\}$$

上、下四分位数之差 $Q_3 - Q_1$ 称之为四分位数极差或半级差，它描述了中间半数观测值的散布情况。

（四）表示数据分布形状的统计量

1. 偏度（Skewness）。偏度的计算公式为：

$$SK = \frac{n}{(n-1)(n-2)} \sum_{i=1}^{n} \left(\frac{x_i - \bar{x}}{s} \right)^3$$

偏度是刻画数据对称性的指标。
- 关于均值对称的数据集其偏度为 0；
- 在左侧更为分散的数据集，其偏度为负，称为左偏；
- 在右侧更为分散的数据集，其偏度为正，称为右偏。

2. 峰度（Kurtosis）。峰度的计算公式为：

$$K = \frac{n(n+1)}{(n-1)(n-2)(n-3)} \sum_{i=1}^{*n} \left(\frac{x_i - \bar{x}}{s} \right)^4 - \frac{3(n-1)^2}{(n-2)(n-3)}$$

峰度是描述数据向分布尾端散布的趋势，利用峰度研究数据分布的形状是以正态分布为标准（假定正态分布的方差与所研究分布的方差相等），比较两极端数据的分布情况：
- 近似于标准正态分布，则峰度接近于零；
- 尾部较正态分布更分散，则峰度为正，称为轻尾；
- 尾部较正态分布更集中，则峰度为负，称为厚尾。

（五）其他统计量

1. 均值的标准误（Std Error Mean 或 Std Mean 或 Std Error）。

$$\text{Std Mean} = \frac{s}{\sqrt{n}} = \sqrt{\frac{1}{n(n-1)} \sum_{i=1}^{n} (x_i - \bar{x})^2}$$

2. 校正平方和（Corrected Sum of Squares）。

$$CSS = \sum_{i=1}^{n} (x_i - \bar{x})^2$$

3. 未校正平方和（Uncorrected Sum of Squares）。

$$USS = \sum_{i=1}^{n} x_i^2$$

4. K 阶原点矩。

$$A_k = \frac{1}{n} \sum_{i=1}^{n} x_i^k, k = 1, 2, \cdots$$

其中 A_1 即为均值 $\bar{x}$。

5. k 阶中心矩。

$$B_k = \frac{1}{n} \sum_{i=1}^{n} (x_i - \bar{x})^k, k = 2, 3, \cdots$$

二、实验软件平台

1. SAS 系统对数据的管理。在 SAS 系统中只有 SAS 数据集才能被 SAS 过程直接调用。而 SAS 数据集存储在 SAS 数据库中，在 PC 系统中，SAS 数据库与某一个文件夹相对应，我们要为每一个数据库指定一个库标记（库名）来识别该库，使用 Libname 命令可以指定库标记。它的一般格式如下：

Libname 库标记'文件夹位置'选项；

例如要指定目录'd：\ work'为库标记 lwh，可以在 Editor 窗口中提交如下语句：

libname lwh'd：\ work'；

数据库可分为永久库和临时库两种。临时库只有 1 个，名为 Work，它在每次启动 SAS 系统后自动生成，关闭 SAS 系统时数据库中的数据集将被自动删除；永久库可以有多个，用户可以使用 Libname 语句指定永久库的库标记，永久库中的所有文件都将被保留。但库标记仍是临时的，每次启动 SAS 系统后都要重新指定。不过为了方便用户，SAS 在每次启时都会自动指定三个库标记：Sasuser、Sashelp 和 Work，其中 Sasuser 是永久库，即库中的数据集被保存起来，以便下次启动 SAS 系统时还能继续使用。Work 是临时库，每次 SAS 系统运行结束后库中的所有文件将被删除。在 SAS 系统中每一个数据集都有一个两级名，第一级是库标记，第二级是数据集名，中间用"."隔开，在程序中通过指定两级名来识别文件。文件两级名的一般形式如下：库标记. 数据集名，如在 Sasuser 库中的数据集 lwh 可以这样来引用：Sasuser. lwh。但是调用临时库 Work 中的数据集则不需要，在程序中引用该库中的数据集可以省略库标记，即它被认为是缺省的数据库，这对于开发和检查新程序非常方便有用。

2. 外部文件读入方式。如果刚才的数据已经事先录好，在硬盘上的"D：\ work"文件夹内存为 example one. xls 文件，该文件格式也可以为其他的与 SAS 系统兼容的文件格式，如：纯文本，在 SAS 系统中，可以用下面的程序导入导出数据。

proc import out = work. sj

datafile = "d：\ work \ example one. xls"

dbms = excel2000 replace;

getnames = yes;

run;

/* 从逻辑库 work 中导出数据到 d：\ work，并命名为 ww. xls 文件* /

proc export data = work. sj

outfile = "d：\ work \ ww. xls"

dbms = excel2000 replace;

run;

这个比绪论中介绍的 Infile 语句导入数据更加方便通用。

3. 读入其他格式的数据文件。除了以上的方法外，SAS 还提供了一些菜单操作等方式来读入其他格式的数据文件。如：在 SAS 系统中可以利用 File 菜单上的 import 命令将其他格式的数据文件导入 SAS 系统，创建 SAS 自己的数据集。可以导入的数据文件格式有：dBase 数据库、Excel 工作表、Lotus 的数据库、纯文本的数据文件等。导入的操作完全是对话式的，界面友好，简便实用。以下简单叙述导入的步骤，假如上面的数据 example one. xls 已经存放在"d：\ work"下，要导入成数据集 Work. sj。选择 File 菜单上的 import，弹出一个对话框，按照向导的提示进行下去，见图 1 −1。

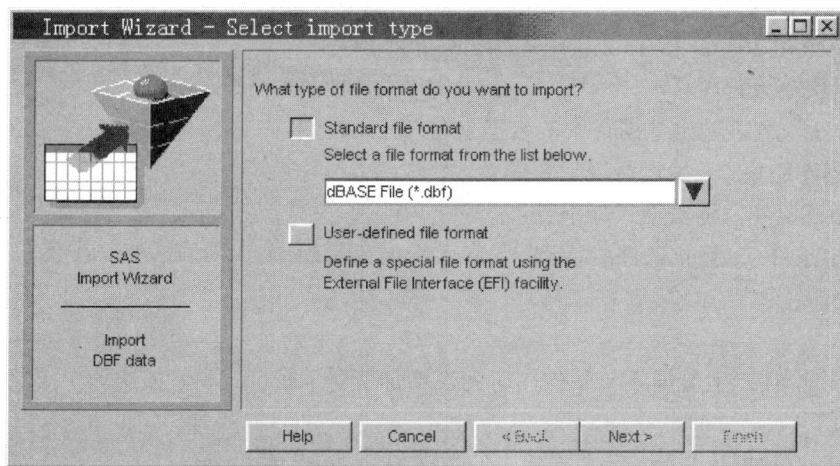

图 1 −1

（1）选择导入的数据格式，从下拉式菜单上选择 Excel 工作表格式，单击 Next 按钮。

（2）给出数据文件的位置和文件名，在对话框中键入"d：\ work \ example one. xls"，或点 Browse 直接从上面选择文件，选好后单击 Next 按钮。

（3）选择导入的目的地，即指定要创建的数据集的名字和存放的数据库名，先在左面的对话框选择数据库名 Work（临时库），在右面的对话框键入数据集的名字 . sj，此名可任意起，少于 8 个字符，选择完后，单击 Finish 按钮，就完成了此次操作。

这时已经建好了一个数据集，名为 Work. sj，与我们前面用程序建立的数据集完全一致。注意：如果我们碰到的外部数据比较多，上面的操作完全可以转化为程序。Excel 工作表是我们在日常工作中最通用的数据表，在实验中我们对这种工作表数据的程序导入导出做了很多的示范，希望读者好好掌握，以后会给学习和工作带来很多的方便。

4. 结构化语句简介。每一种结构化语言编写的程序都由顺序、分支、循环三种结构构成。SAS 语言也不例外。在这里简要介绍一下分支和循环语句的语法。这些语句均可直接在数据步和程序步中使用，适当地使用它们可以大大简化我们的工作。

（1）分支（条件）语句。if 语句的作用是使 SAS 继续处理符合 if 条件规定的观测值，因而所得到的数据集是原数据集的子集。

语法格式如下：

if <条件>

then 程序块；

else 程序块；

例 2.4.1：在产生数据集 xzf 的同时为其增加变量 school，当 s > 60 时 school = 1，否则 school = 2。

程序如下：

data xzf; (数据步开始，定义要建立的数据集为 work 库的 xzf)

input s t @@; (要输入的变量为 s 和 t，并且采用数据连续读入方式)

if s > 60 then school = 1; (建立新变量 school，如果 s > 60，则 school = 1)

else school = 2; (否则，school = 2)

cards; (数据块开始)

34 77 79 190 305 62 19 13 213 652 7 42 33 (数据块)

; (数据块结束)

proc print; (列表输出数据集中的数据，检查有无错误)

run; (程序结束，开始运行以上程序)

（2）循环语句。语法格式如下：

Do 起始条件 To 终止条件；

程序块；

End；

例 2.4.2：在产生数据集 xzfe 的同时为其增加变量 school，取值依次为 1、2。

程序如下：

data xzfe; (数据步开始，定义要建立的数据集为 work 库的 xzfe)

do school = 1 to 2; (循环开始，循环控制变量为 school，取值从 1 到 2)

input s t @@;（要输入的变量为 s 和 t，并且采用数据连续读入方式）

output;（用 output 语句将循环控制变量写入数据集中）

end;（循环结束）

cards;（数据块开始）

34 77 79 190 305 62 19 13 213 652 7 42 33（数据块）

;（数据块结束）

run;（程序结束，开始运行以上程序）

同学们把这两个程序输入 SAS 系统中运行一次，然后比较两个数据集 xzf 和 xzfe 的区别，就会很清楚这两个程序的功能差别，要想学习好一门程序语言，一定要到机上反复练习修改程序，对照运行结果来学习理解书本所写，往往能达到事半功倍的效果，这也是我们开设实验课的意义所在。

5. 报表以及图形输出。SAS 系统可以根据用户需要输出各式各样的统计报表，这些统计报表不但是对数据集直接明白的反映，还可以包括各种各样的统计量。报表不但可以以常用的形式给出，还可以根据用户需要进行各种各样的设计。除了报表之外，SAS 系统还可以将数据生成柱形图、扇形图、散点图、折线图、三维曲面等用户需要的各种图形。所有的这些功能都需要在 SAS 过程步中实现，在这一节中将主要介绍这些内容。

下面将会逐一介绍 Means、Univariate、Tabulate、Gchart 及 Gplot 五大过程的语法结构及应用，为了方便数据的调用，避免多个数据表给读者造成混淆，下面所有程序都以同一个实例数据为依据进行数据处理。

例 2.5.1：表 1－1 为两个不同地区居民家庭收入和支出情况的抽样调查结果。将表 1－1 中的数据通过 Excel 导入到 SAS 数据集 Lwh. liuk 中，四个变量名分别为：Bh、R_bh、jt_Income 和 jt_Outgo，相应的标签名为家庭编号、地区编号、家庭总收入和家庭总支出。

表 1－1　　　　　　　　　两个地区居民的家庭收入和支出数据　　　　　　　单位：元

家庭编号	地区编号	家庭总收入	家庭总支出
1	1	1 765	1 530
2	2	2 184	1 900
3	1	2 050	2 050
4	2	2 460	2 184
5	1	1 976	1 170
6	2	2 850	2 496
7	2	4 275	2 760
8	1	5 700	3 024
9	2	7 125	3 288
10	2	8 550	3 552

（一） Means 过程

Means 过程输出变量的简单统计量，包括样本容量（N）、样本均值（Mean）、样本标准差（Std Dev）、最大值（Maximum）和最小值（Minimum）等，其余统计量的计算均需要在选择项中指定。

1. 语法格式。Means 过程的一般格式如下：

proc means data = <数据集名> [<统计量关键字列表>];

[var <分析变量列表>;]

[by <分组变量名>;]

[class <分组变量名>;]

[freq <分析变量名>;]

[types <分组要求>;]

[ways <分组要求>;]

[id <分组变量名>;]

[output <Out = 数据集名> <输出的统计量列表>

<maxid (变量名 (变量名)) = 变量名>

<minid (变量名 (变量名)) = 变量名>;]

run;

该过程中只有 Proc Means 语句是必须的，它后面的选项可以根据用户的需要选择，主要用来指示所要计算的统计量。默认情况下，Var 语句引导所要分析的所有变量的列表，SAS将对 Var 语句所引导的所有变量分别进行描述性统计分析。

如对数据 Lwh. liuk 中的 jt_Outgo 变量计算简单统计量，可用如下 Means 过程：

proc means data = lwh. liuk;

var jt_outgo;

run;

2. 使用统计量关键字列表。在 Proc Means 语句中使用统计量关键字，可以大大增强该过程的功能：

proc means data = lwh. liuk mean median p1 p5 p95 q1 q3 min;

var jt_outgo;

run;

SAS 系统中可以使用的描述性统计量关键字及其含义见表 1 - 2。

表 1 - 2　　　　　　　　　　　描述性统计量关键字及其含义

关键字	所代表的含义	关键字	所代表的含义
n	有效数据记录数	stderr	标准误差
nmiss	缺失数据记录数	var	方差
skewness	偏度	median	中位数
std	标准差	mode	众数

关键字	所代表的含义	关键字	所代表的含义
cv	变异系数	probt	上述 t 统计量对应的概率值
max	最大值	q1	第一四分位数
min	最小值	q3	第三四分位数
sum	总计	qrange	四分位数间距
uss	未校正平方和	p1	第一百分位数
range	极差	P95	第 95 百分位数
mean	均值	sumwgt	加权值总计
kurtosis	峰度	css	校正平方和
t	分布位置假设检验之 t 统计量		

3. 使用 Class 语句和 By 语句。使用 Classs 语句和 By 语句可以分组计算分析变量的描述性统计量值，由 Class 语句和 By 语句指定的变量在分析中起分组（类）的作用，被称为分类变量。两个语句的区别是：

- 使用 By 语句是要求数据集按 By 变量排序，使用 Class 语句无此要求。
- 使用 By 语句时输出 By 变量的每个值分别提供一个表，使用 Class 语句则将所有结果排列在一个表之中。

注意：当 Class 语句和 By 语句一起使用时，系统首先按 By 变量进行分组，然后再在每一组中按 Class 变量进行分组。而且使用 By 语句之前需先排列，如下代码可以按变量 r_bh 分组统计：

```
proc sort data = lwh. liuk;
by r_bh;
run;
proc means data = lwh. liuk n mean median p1 p5 p95 q1 q3 max min;
var jt_outgo;
by r_bh;
run;
```

使用 Class 语句分组较为简单，如下程序也可以和上例一样按变量 r_bh 分组统计：

```
proc means data = lwh. liuk n mean median p1 p5 p95 q1 q3 max min;
var jt_outgo;
class r_bh;
run;
```

4. 使用 Types 语句和 Ways 语句。这两个语句都是和 Class 语句连起来使用，如：Class a b c；则 Types a * （b c）；表示 A 和 B 合成一组，A 和 C 又合成一组。而 Ways 1；表示 A B C 单个分组，Ways 2；表示两两分组，Ways 3；表示 3 个变量分成一组，Ways 后面的数字不能超过 Class 后面的变量个数。

5. 使用 Output 语句。在 Proc Means 过程中，Output 语句可以多次使用，以形成所需要的输出数据集。它的语法和格式说明内容比较多，本书在这里通过一个例子来说明这些，读者可以根据这个例子灵活变化实验来掌握 Output 语句。例：

proc means data = lwh. liuk;

var jt_income jt_outgo;

output out = new max = maxh maxa

maxid (jt_income (bh) jt_outgo (bh)) = incomeest outgoest;

run;

说明：这个程序的功能是在数据集中找出 jt_Income（家庭总收入）jt_Outgo（家庭总支出）中最大的数赋值给数据集 new 中的 maxh 和 maxa，并同时把它们的编号赋值给数据集 new 中的 Incomeest 和 Outgoest。

（二）Univariate 过程

Univariate 过程的一般格式为：

proc univariate data = <数据集名> ［<统计量关键字列表>］;

［var <分析变量列表>;］

［by | class <分组变量名>;］

［histogram <变量名称> / <选项列表>;］

［output out = <数据集名> <统计量关键字> <pctlpts = 百分位数>;］

run;

Univariate 过程和 Means 过程的格式非常相似，相同的语句和选项其含义也相同，所不同的是某些统计量只能在 Univariate 过程中计算（如众数），而且 Univariate 过程中具有绘图功能。

1. 使用统计量关键字列表。该语句中的选项除了与 Means 过程中的选择项类似的以外，还有以下几个：

（1）Plot，要求生成茎叶图、盒形图和正态概率图。

（2）Freq，要求生成频数、变量值和百分数的频数表。

（3）Normal，要求对输入的变量检验是否服从正态分布。

2. Output 语句。该语句中的 <统计量关键字> 除了有 Means 过程中的常用的之外，还有下列一些：

（1）msign：符号统计量。

（2）probm：大于符号秩统计量的绝对值的概率。

（3）signrank：符号秩统计量的绝对值的概率。

（4）probs：大于中心符号秩统计量的绝对值的概率。

（5）probn：检验数据来自正态分布的假设的概率。

（6）pctlpts = 百分位数：提供用户自己希望计算的百分位数。比如 33% 的百分位数。

其中，Histogram 语句用来指示 SAS 对其后所指定的变量绘制直方图，其后的选项指示 SAS 添加不同类型的拟合图形（如正态分布的分布密度曲线）。

例如，计算数据集 lwh. liuk 中 jt_Outgo 变量的统计量：

```
proc univariate data = lwh. liuk;

var jt_outgo;

run;
```

输出结果分为五个部分。第一部分为矩统计量，第二部分为基本位置和分散统计量，第三部分为关于均值等于零的三种检验结果，包括 t 检验、符号检验和符号秩检验，第四部分为基本的百分位数，第五部分是观测数据的一些最值，包括最低值和最高值。

（三） Tabulate 过程

Tabulate 过程以分组报表的形式输出满足用户要求的描述性统计量。它的主要功能是对整个数据集中的数据进行汇总，输出包含统计量的报表。Tabulate 过程的一般格式为：

```
proc tabulate data = 数据集名称;
[class 分类变量;]
[var 分析变量;]
[table < <页维说明 > <行维说明 > <列维说明/选项 > ;]
[by 分析变量;]
[freq 分析变量;]
[weight 分析变量;]
[format <统计量关键字 格式一 > <统计量关键字 格式二 >;]
run;
```

其中 Class 语句给出分类变量、给变量分类之后，可以分别计算它们的统计量。Freq 语句和前面说到的差不多，用来统计频率。Var 语句指定对哪个变量进行统计分析，分析变量一般是数值型变量。Table 语句是过程中最关键、最需要注意的一个语句，用来说明表格的结构。Table 语句由 1~3 个逗号隔开的维表达式和选项组成，两个逗号表示：左定义页，中间定义行，右边定义列；一个逗号：则左边行、右边列；没有逗号则只有列。维表达式由来自 Class 语句的分类变量、来自 Var 语句的分析变量、统计量（要求对分析变量所做的）等操作元素和 ∗、空格、( )、逗号、< > 等操作符连接而成。其中 ∗ 表示交叉连接、空格表示并排输出、( ) 表示分组，而 < > 规定分母的定义，读者可以在机上一一实验。

例如，输出报表，反映两个地区家庭总收入的总和。

```
proc tabulate data = lwh. liuk;
class r_bh;
var jt_outgo;
table r_bh, jt_outgo;
run;
```

在程序中并没有使用 Sum 来求和，这是因为 Tabulate 本身就是一个汇总过程，在默认的情况下它将输出分析变量的求和。当然还可以输出分析变量的其他统计量，例如 n，Nmiss，Mean，Std，Min，Max，Range，Sum，Uss，Css，Stder，r，Cv，t，Prt，Var，Sumwgt，Pctn，Pctsum 等。

例如，输出报表，反映两个地区家庭总支出和总收入的平均值、方差：

```
proc tabulate data = lwh. liuk;
class r_bh;
var jt_outgo jt_outgo;
table r_bh, (jt_outgo jt_outgo)* (mean var);
run;
```

在程序中可以看到，对于处于同一层次的变量它们之间要用空格分隔开来，例如：jt_Outgo 和 jt_Outgo，它们都是需要分析的变量，Mean 和 Var 它们都是统计量。而对于行维或列维中的不同层次的名称要用 * 号连接。例如，jt_Outgo，jt_Outgo 和 Mean，Var 它们同处于列维，但是层次不同，应该用 * 连接。

（四）Gchart 过程

1. 语法格式。Gchart 过程用于绘制条形图、柱状图、饼形图（扇形图）、三维直方图等表示变量分布的图形，用图形的方式形象地再现变量的取值及变量之间的关系。其一般语法格式为：

```
proc gchart data = <数据集名>;
    <图形关键字> <变量名称>/<选项列表>
run;
```

此过程格式简单，复杂之处在于图形关键字（每个图形关键字对应一种图形类型）所引导的语句，涉及众多的关键字和选项，这是控制图形类型及图形要素的地方。Gchart 过程可以使用的图形关键字及其所绘制的图形类型见表 1 – 3。

表 1 – 3   图形关键字与图形类型

图形关键字	绘制的图形类型	图形关键字	绘制的图形类型
hbar	水平的条形图	hbar3d	水平的三维条形图
pie	饼形图	pie3d	三维饼形图
block	方块图	donut	环形图
vbar	竖立的条形图	vbar3d	竖立的三维条形图
star	星形图		

图形关键字后的变量名是进行图形描述时的分析变量，可以是数值型的，也可以是字符型的。其后的选项比较重要的有：

Sumvar = 变量名（数值变量），指定要进行统计计算的变量，也就是"Type = 统计量关键字"选项中统计量的计算所依据的变量。

Type = 统计量关键字，表示以图形对变量（Sumvar 所指定的变量）的哪一种统计量进行描述，例如频数（Freq）、均数（Mean）、总计（Sum）、频数百分比（Pctn）等。

Subgroup = 变量名（分组变量），指定要进行分组（各组段内再分组）的变量。

2. 画饼形图。使用 Pie 关键字可以画饼形图，Pie3d 关键字可以画三维饼形图。例如，画出数据集 lwh. liuk 中 jt_Outgo 变量的三维饼形图的程序如下：

```
proc gchart data = lwh. liuk;
pie3d jt_outgo;
run;
```

3. 画三维条形图。使用 Block 关键字可以画三维条形图。例如，画出数据集 Lwh. liuk
中 jt_Outgo 变量的三维条形图的程序如下：

```
proc gchart data = lwh. liuk;
block jt_outgo/group = r_bh;
run;
```

4. 画条形图（直方图）。使用 Vbar 关键字可以画条形图。例如，画出数据集 Lwh. liuk
中 jt_Outgo 变量的条形图的代码如下：

```
proc gchart data = lwh. liuk;
vbar jt_outgo;
run;
```

其中绘图用的变量用 Vbar 语句给出，如果把 Vbar 改成 Hbar，则条形方向变为横向。可
以指定分组的变量，例如在每个区段内再分段，程序如下：

```
proc gchart data = lwh. liuk;
vbar jt_outgo/subgroup = r_bh;
run;
```

可以绘制分组的条形图，例如按地区分组绘制两个直方图并排放置，程序如下：

```
proc gchart data = lwh. liuk;
vbar jt_outgo/group = r_bh;
run;
```

（五） Gplot 过程

在数据处理中常常希望直观地了解数据的变化趋势，数据间的相关关系等，Gplot 过程
通过绘制散点图、折线图及曲线图等很方便实现这一点。在 SAS 系统中的 Plot 过程也可以
作散点图等，但是它的结果输出在 Output 窗口而不是在图像窗口，Gplot 过程的输出结果就
是在图像窗口。

使用 Gplot 过程绘制散点图和连线图。平面的散点图就是以数据集中某两个变量分别为
纵坐标和横坐标，每个观察值对应一个散点。数据集中的多个观测值就在平面上构成一幅散
点图。连线图则是将散点图的点之间按一定的方式用直线或曲线相连所得。

（1）Gplot 过程的一般格式。

```
proc gplot data = <数据集名>;
plot <纵轴变量> *  <横轴变量>  [ = <变量>] [/<选项>];
[symboln <选项>;]
run;
```

Plot 语句中用于分组的变量可以是字符型或数值型，数值型时当作离散型变量处理，
每一个值将被当作一个组别，此变量的具体值将被作为散点值来绘制散点图。常见选项

如表 1－4 所示。

表 1－4　　　　　　　　　　　　　　**Plot 语句的选项**

选　项	意　义	说　明
Fram Nofram	在图形四周加入或不加边框	默认加入
Cfram ＝颜色	边框内的颜色	默认白色
Autohref（Autoveref）	在水平（垂直）轴的每个主刻度处加入水平（垂直）参考线	
Noaxis	取消坐标轴及相关的图形元素	
Caxis ＝颜色	设定轴的颜色	
Ctext ＝颜色	设定与轴相关字符的颜色	
Haxis ＝值列举	设定水平轴主刻度的值	
Vaxis ＝值列举	设定垂直轴主刻度的值	

　　Symbol 语句用来控制表示散点的符号和散点间的连线。在同一个 Gplot 过程中可以反复出现，其中 n 是不同 Symbol 语句的序号，默认为 1。选项如表 1－5 所示。

表 1－5　　　　　　　　　　　　　　**Symbol 语句的选项**

选　项	意　义	取　值
v ＝符号	表示点使用的符号	plus，x，star，aquare，diamond，triangle，hash，y，z，paw，point，dot，circle
c ＝颜色	表示点的符号及连线的颜色	black，red，green，blue，cyan，magenta，gray，pink，orange，brown，yellow
cv ＝颜色	专指点的符号的颜色	
h ＝n＜单位＞	指名符号的大小	单位有：cell，cm，pct，pt，in
pointlabel	在点的附近表明 y 轴变量的值	
i ＝连线方式	指明连线的方式	none，join，spline，needle
ci ＝颜色	专指连线的颜色	
l ＝n	n 为线型的序号	0－空白线，1－实线，2－虚线
w ＝n	n 表示线的宽度	

　　（2）散点图。绘制家庭总收入对家庭总支出的散点图，程序如下：

```
plot gplot data = lwh. liuk;
plot jt_outgo* jt_outgo;
run;
```

结果显示了一个 Graphics 窗口，绘出了以 jt_Outgo 为纵轴、以 jt_Outgo 为横轴的散点图，可以在图中按第三个变量分组画出散点图，程序如下：

```
proc gplot data = lwh. liuk;
plot jt_outgo* jt_outgo = r_bh;
symbol1 color = black v = star;
symbol2 color = black v = dot;
run;
```

其中我们指定了两个 Symbol 语句，Symbol1 语句指定了 v = star，表示符号为星形，Symbol2 语句指定了 v = dot 表示符号为点。

（3）连线图。为了绘制连线，只要在 Symbol 语句中指定 i = join。例如，绘制家庭总收入对家庭编号的连线图，程序如下：

```
proc gplot data = lwh. liuk;
plot jt_outgo* bh;
symbol i = join v = star;
run;
```

也可以分地区绘制家庭总收入对家庭编号的连线图，程序如下：

```
proc gplot data = lwh. liuk;
plot jt_outgo* bh = r_bh;
symbol1 color = black i = join v = star;
symbol2 color = black i = join v = dot;
run;
```

为了在图中绘出几个变量，只要在 Plot 语句中指定多个因变量（自变量一般应为同一个），并使用 Overlay 选项，例如：绘制家庭总收入和家庭总支出对家庭编号的连线图，程序如下：

```
proc sort data = lwh. liuk;
by bh;
proc gplot data = lwh. liuk;
plot jt_outgo* bh = 1 jt_outgo* bh = 2/overlay legend;
symbol1 color = black i = join v = star;
symbol2 color = blue i = join v = dot;
run;
```

其中在 Plot 语句中应用了"纵轴 * 横轴 = n"的格式来指定曲线来使用哪一个 Symbol 语句的规定来画，n 对应于 Symbol 语句的序号。Plot 语句的 Legend 选项可以加入图以说明不用折线的含义。

如果不想在图中出现散点图符号。可以在 Symbol 语句中用 v = None。Symbol 语句的 "i =" 选项还可以取 Spline 表示在散点间连接样条曲线。取 i = Smnn（nn 取 1~99 值）表示绘制样条曲线但可以不经过散点，nn 值代表曲线光滑性与拟合度的折中。取 i = Needle 绘制每个点到横轴的垂线。取 i = rl 绘制回归直线，i = rq 为二次直线，i = rc 为三次曲线。

下述格式的 Gplot 过程可以在一幅图中以不同的纵坐标绘出两个变量的散点图：

```
proc gplot data = <数据集名>;
plot <纵轴变量> * <横轴变量> = 1][/<选项>];
plot2 <纵轴变量> * <横轴变量> = 2][/<选项>];
[symbol1 <选项>;]
[symbol2 <选项>;]
run;
```

现在，SAS 语言的基本知识算是介绍完了。在理论上，你现在可以坐在计算机前，独立编写程序作出你的统计作业。但为了使你能尽可能地少走弯路，在以后的各实验中我们将重点介绍一些常用的程序步，并且在必要的时候介绍一些较为深入的内容。

三、具体实验要求

1. 实验目的：数据分析的目的是从数据中提取有用的信息，而提取信息的首要任务是了解数据，认识数据，描述性统计量是最基本的。所以设立这个实验，让学生掌握使用 SAS 系统计算数据的一些基本描述性统计量，而正态分布是很多数据分析的前提条件，所以一般都要对数据进行正态性检验。

2. 实验要求及学时：实验形式（个人）；实验学时数 6。

3. 实验环境及材料：使用的软件系统、实验设备、主要仪器、材料等。
装有版本为 8.1 以上的 SAS 系统的个人电脑（每人 1 台）

4. 实验内容：用 SAS 软件进行描述性统计量计算与正态性检验实验。

5. 实验方法和操作步骤。

（1）导入数据（数据来源于 2009 年 10 月 29 日股市交易数据）。

```
proc import out = work. sj
datafile = "d：\ work \ example one. xls"
dbms = excel2000 replace;
getnames = yes;
run;
```

（2）整理数据。

```
data lwh;
set sj;
sum = average_price* volume;
run;（在数据表 sj 中增设 sum 变量形成新的数据表 lwh）
data lwh;
set lwh;
if price > 0;
run;（从数据表 lwh 剔除那些在 2009 年 10 月 29 日没有交易的股票）
```

（3）练习 Tabulate 过程输出统计量表。

```
proc tabulate data = lwh;
class region;
var sum price;
table region, (sum price)* (mean var);
run;（此处是对数据表 lwh 中深圳和上海的市场的股票分别汇总统计它们的数据）
```

（4）练习 Gplot 过程输出统计图表。

```
proc gplot data = lwh;
symbol1 i = join v = + color = red;
```

```
symbol2 i = rq v = & color = black;
plot speed* low level_change* high/overlay;
run;
proc gplot data = lwh;
symbol i = rqcli95 v = * color = blue;
plot (level_change speed)* (low high);
run;
```

这步的结果如下：图1-2、图1-3、图1-4中的实线是两个变量的回归曲线，虚线是它们95%的置信线。

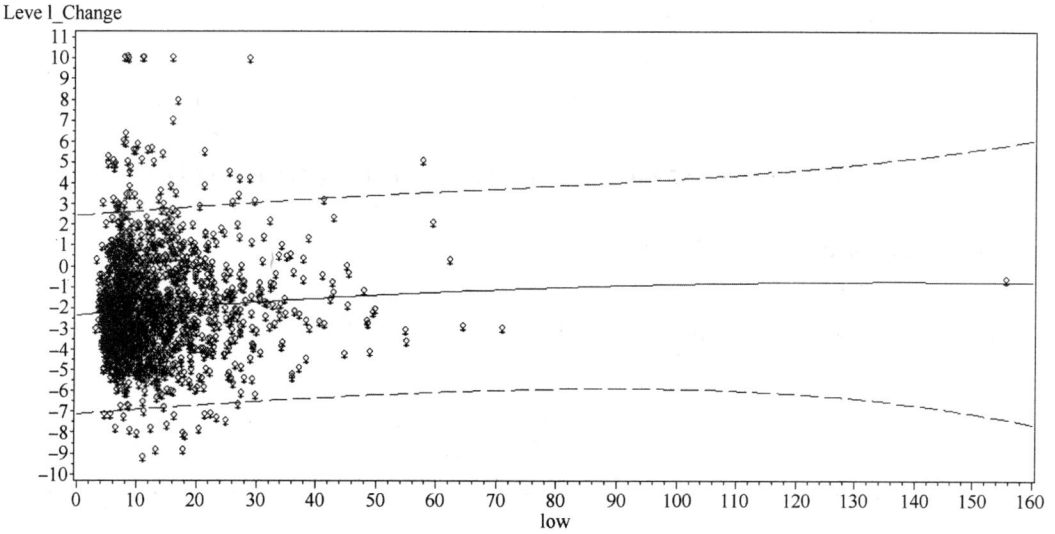

图1-2 Level_Change 和 low 的散点图

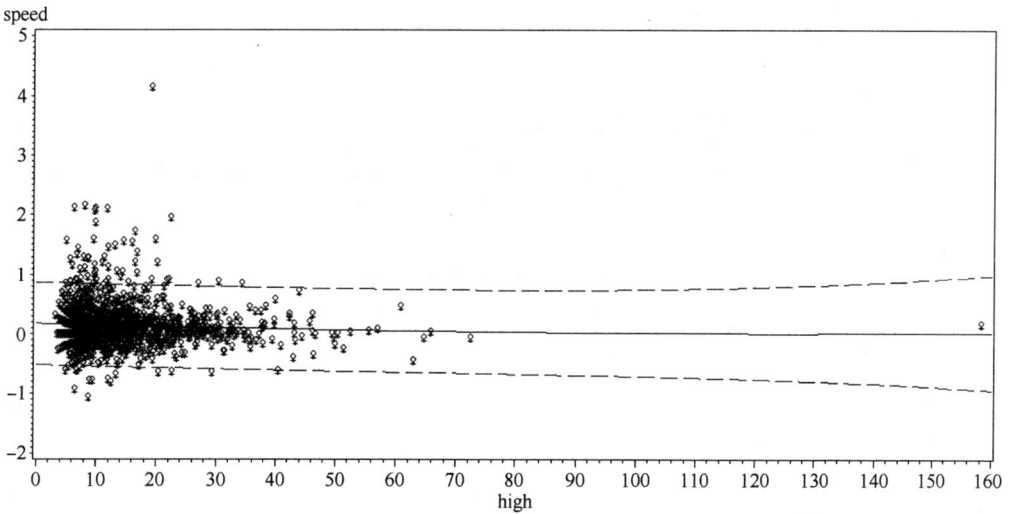

图1-3 speed 和 high 的散点图

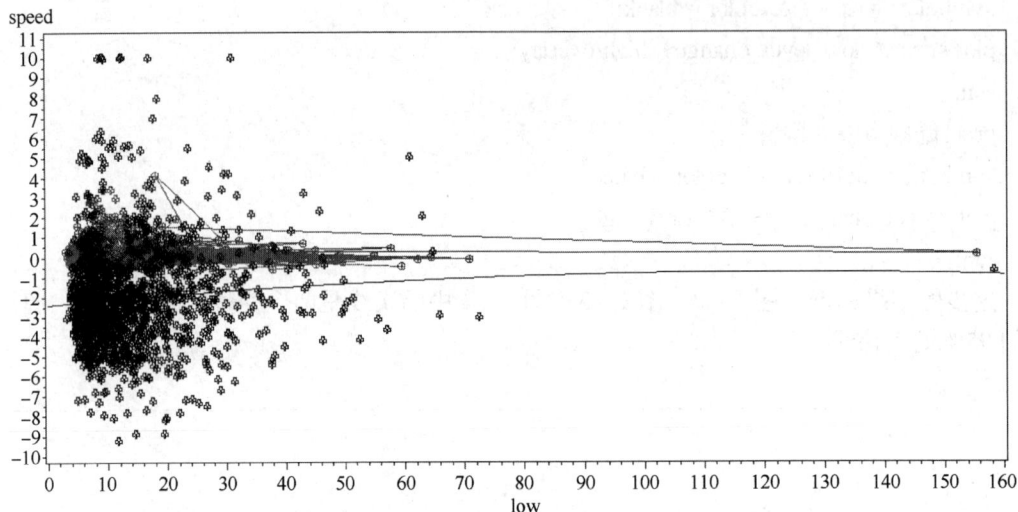

图 1 - 4   speed 和 low，Level_Change 和 high 的叠加散点图

（5）练习 Gchart 过程输出柱状图。

proc gchart data = lwh;

vbar price/levels = 18 midpoints = 5 7 9 11 13 15 17 19 21 23 25 27 29 31 34 38 42 55;

run;

这步的结果如图 1 - 5 所示：

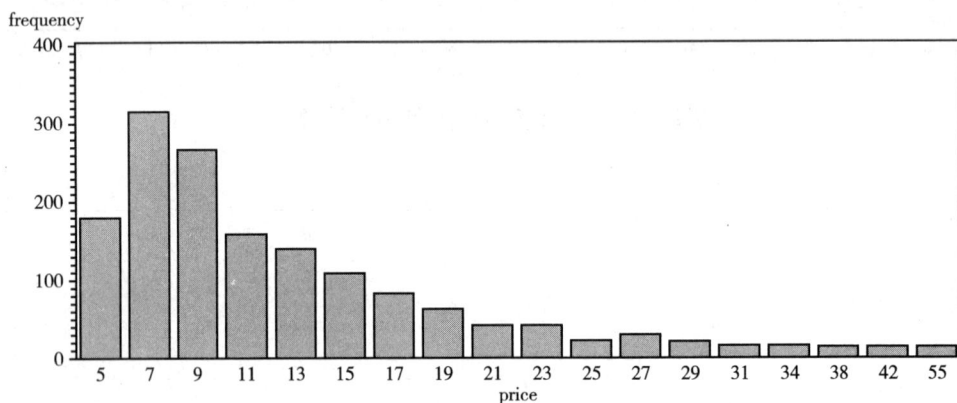

图 1 - 5   price 的直方图

（6）练习 Univariate 过程输出描述性统计量和正态性检验。

proc univariate data = lwh normal;

var level_change;

histogram level_change;

probplot level_change;

run;

这步的结果见下面的表 1 - 6，表 1 - 7，图 1 - 6，图 1 - 7，结果分析如下：表 1 - 7 中的 p-value 都是小于 0.05 的，从检验的数量结果显示变量 Level_Change 是不服从正态分布的，从直方图和 QQ 图我们也可以看到，在数据的尾部明显不服从正态分布。如果变量服从正态分布，直方图应该是对称的，而 QQ 图应该是一条直线。

表 1 - 6   **Level_Change 的描述性统计量**

```
                    The SAS System        18:23 Saturday, December 18, 2009    2

                            The Univariate Procedure
                        Variable: Level_Change  (Level_Change)

                                     Moments

N                        1542    Sum Weights                1542
Mean               -2.0716537    Sum Observations       -3194.49
Std Deviation      2.43997937    Variance            5.95349934
Skewness           1.05626134    Kurtosis            3.01749583
Uncorrected SS     15792.2195    Corrected SS        9174.34248
Coeff Variation    -117.77931    Std Error Mean       0.0621361
```

表 1 - 7   **Level_Change 的正态性检验结果**

```
                           Tests for Normality

Test                    --Statistic---       -----p Value------

Shapiro-Wilk         W      0.94555      Pr < W      <0.0001
Kolmogorov-Smirnov   D      0.082774     Pr > D      <0.0100
Cramer-von Mises     W-Sq   2.971719     Pr > W-Sq   <0.0050
Anderson-Darling     A-Sq   16.91101     Pr > A-Sq   <0.0050
```

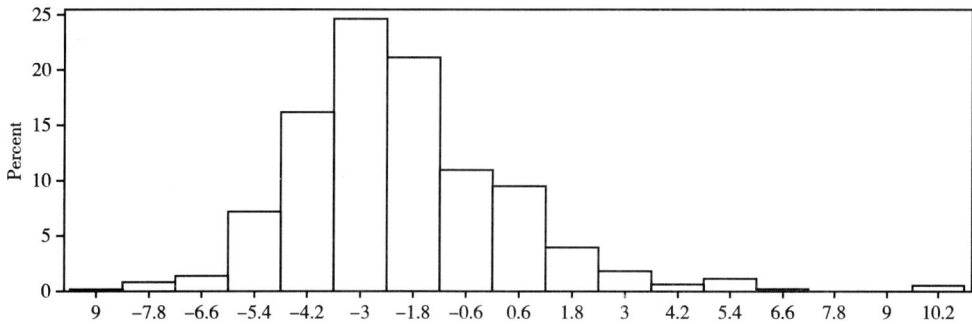

图 1 - 6   Level_Change 的直方图

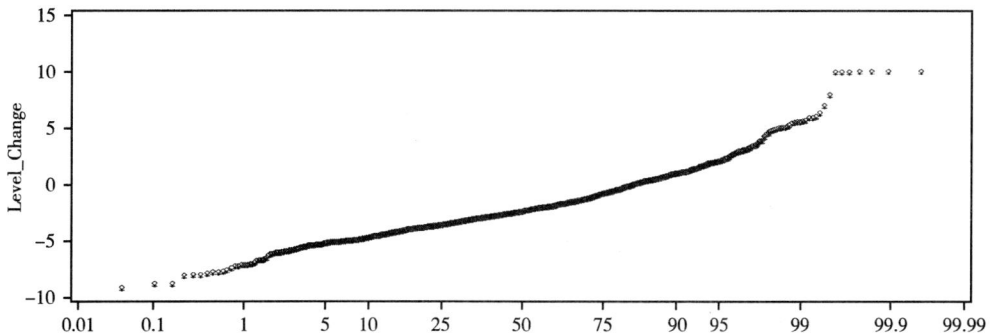

图 1 - 7   Level_Change 的 QQ 图

6. 实验报告要求。

（1）实验报告要以事实为依据，推理要合乎逻辑，不可无根据地臆断。

（2）在写作实验报告时，要按照一定的格式，不能忽视最基本的规范要求。要根据事物的结构特点和逻辑顺序，来考虑表达的形式和表述的方法。

（3）实验报告的表述应具有可读性。语言阐述必须精确、通俗，在不损害规范性的前提下，尽可能使用简洁的语言。

7. 练习实验。

（1）分析数据表 Lwh 中其他的变量，计算它们的描述性统计量并作正态性检验。

（2）某高校对本校财经专业的 48 位硕士毕业生的收入状况进行调查，得到他们的年收入数据如表 1-8 所示。

表 1-8　　　　　　　　　　　　　　　　　　　　　　　　　　　　　　　　　　　单位：千元

31.1	30.5	32.2	29.9	30.2	30.3	32.3	31.8
29.6	33	32.23	29.23	30.03	30.7	32.63	30.3
29.1	33.85	32.18	28.93	30.13	30.85	32.93	29.55
30.6	31.2	32.7	30.3	28.9	30.3	30.9	33.3
30.1	32.2	32.1	29.3	30.4	30.6	32.9	30.3
28.6	34.7	32.13	28.63	30.23	31	33.23	28.8

① 求年收入的均值、中位数和四分位数；

② 求年收入的极差和标准差；

③ 绘制年收入的直方图，并概括年收入的分布情况。

（3）某高校对学生逃课的情况进行抽样调查结构如表 1-9 所示。

表 1-9

项　目	2004 级	2005 级	男	女	总计
从不逃课	1	7	5	3	8
偶尔逃课	31	35	29	37	66
进场逃课	18	8	16	10	26

① 利用统计图形从整体上对逃课情况进行分析；

② 利用统计图形对两个年级逃课情况进行比较分析；

③ 利用统计图形对男女生逃课情况进行比较分析。

实验二

区间估计与假设检验
（设计性实验）

一、实验原理

实验一介绍了描述性统计分析，我们知道实践中除了对现象进行描述外，还常常需要利用样本资料对总体进行统计推断。区间估计与假设检验就属于统计推断的重要内容。本实验将介绍 SAS 系统中总体参数的区间估计与假设检验，以及总体的正态性检验等功能。

（一）区间估计与假设检验的基本概念

利用样本对总体进行统计推断，主要有两类问题：一类是根据样本的统计量来对总体的参数进行估计的问题，这个称为参数估计；另一类是研究如何利用样本得到的统计量来检验事先对总体所作的假设是否成立的问题，称为假设检验问题，包括参数假设检验和非参数假设检验。

1. 区间估计。参数估计的方法主要有两种：点估计和区间估计。点估计是利用样本观测值的统计量去估计总体未知参数的值。由于样本的随机性，不同样本观测值计算统计量得出的参数估计之间存在着差异，所以点估计的精度几乎为零，因此常常用一个区间来估计总体的参数，并把具有一定可靠性和精度的估计区间称为置信区间。利用构造的统计量及样本观测值，计算得出参数的置信区间的方法称为参数的区间估计。

（1）参数的置信区间。在区间估计中，对于总体的未知参数 θ，需要求出两个统计量 θ_1 和 θ_2 来分别估计总体参数 θ 的上限和下限，使得总体参数在区间 (θ_1, θ_2) 内的概率为 $p\{\theta_1 < \theta < \theta_2\} = 1 - \alpha$。其中，$1 - \alpha$ 称为置信水平；(θ_1, θ_2) 称为的置信区间；θ_1，θ_2 分别称为置信下限和置信上限。置信水平为 $1 - \alpha$ 的含义是随机区间 (θ_1, θ_2) 以 $1 - \alpha$ 的概率包含了参数 θ。

（2）正态总体均值和方差的置信区间。正态分布是最常见的一种概率分布，因此实际调查中的样本经常是来自于正态分布的总体。所以参数的区间估计大多是对服从正态分布的总体进行参数估计，如对单总体均值、方差的估计，两总体均值差的估计和两总体方差比的估计等。具体参数见表 2-1。

表 2-1　　　　　　　　　　　　　正态总体均值和方差的区间估计

参数	条件	统计量及其分布	参数的置信区间
μ	σ^2 已知	$U = \dfrac{\overline{X} - \mu}{\sigma/\sqrt{n}} \sim N(0,1)$	$(\overline{X} - U_{\alpha/2}\sigma/\sqrt{n},\ \overline{X} + U_{\alpha/2}\sigma/\sqrt{n})$
	σ^2 未知	$T = \dfrac{\overline{X} - \mu}{S/\sqrt{n}} \sim t(n-1)$	$(\overline{X} - t_{\alpha/2}(n-1)S/\sqrt{n},\ \overline{X} + t_{\alpha/2}(n-1)S/\sqrt{n})$
σ^2	μ 已知	$\chi^2 = \sum\limits_{i=1}^{n}\left(\dfrac{x_i - \mu}{\sigma}\right)^2 \sim \chi^2(n)$	$\left(\dfrac{\sum\limits_{i=1}^{n}(x_i - \mu)^2}{\chi^2_{\alpha/2}(n)},\ \dfrac{\sum\limits_{i=1}^{n}(x_i - \mu)^2}{\chi^2_{1-\alpha/2}(n)}\right)$
	μ 未知	$\chi^2 = \sum\limits_{i=1}^{n}\left(\dfrac{x_i - \overline{X}}{\sigma}\right)^2 \sim \chi^2(n-1)$	$\left(\dfrac{\sum\limits_{i=1}^{n}(x_i - \overline{X})^2}{\chi^2_{\alpha/2}(n-1)},\ \dfrac{\sum\limits_{i=1}^{n}(x_i - \overline{X})^2}{\chi^2_{1-\alpha/2}(n-1)}\right)$
$\mu_1 - \mu_2$	独立 σ_1^2, σ_2^2 已知	$U = \dfrac{\overline{X} - \overline{Y} - (\mu_1 - \mu_2)}{\sqrt{\sigma_1^2/n_1 + \sigma_2^2/n_2}} \sim N(0,1)$	$\overline{X} - \overline{Y} \pm U_{\alpha/2}\sqrt{\sigma_1^2/n_1 + \sigma_2^2/n_2}$
	独立，$\sigma_1^2 = \sigma_2^2 = \sigma^2$ 未知	$T = \dfrac{\overline{X} - \overline{Y} - (\mu_1 - \mu_2)}{S_w\sqrt{1/n_1 + 1/n_2}} \sim t(n_1 + n_2 - 2)$ 其中，$S_w = \sqrt{((n_1-1)S_1^2 + (n_2-1)S_2^2)/(n_1 + n_2 - 2)}$	$\overline{X} - \overline{Y} \pm T_{\alpha/2}(n_1 + n_2 - 2)S_w\sqrt{1/n_1 + 1/n_2}$
$\dfrac{\sigma_1^2}{\sigma_2^2}$	独立 μ_1, μ_2 未知	$F = \dfrac{S_1^2/S_2^2}{\sigma_1^2/\sigma_2^2} \sim F(n_1 - 1, n_2 - 1)$	$\left(\dfrac{S_1^2}{S_2^2 F_{\alpha/2}(n_1-1, n_2-1)},\ \dfrac{S_1^2}{S_2^2 F_{1-\alpha/2}(n_1-1, n_2-1)}\right)$

注：表中分数位 X_α 的定义是：$P\{X > X_\alpha\} = \alpha$，$(0 < \alpha < 1)$。

（3）总体比例与比例差的置信区间。实际应用中经常需要对总体比例进行估计，如电灯的废品率、中学生的升学率和电视的普及率等。记 π 和 p 分别代表总体比例和样本比例，则当样本容量 n 很大时（一般当 np 和 $n(1-p)$ 均大于 5 时，就可以认为样本容量足够大），样本比例 p 的抽样分布可用正态分布近似。总体比例与比例差的置信区间如表 2-2 所示。

表 2-2　　　　　　　　　　　　总体比例与比例差的区间估计

参数	枢轴量及其分布	参数的置信区间
π	$U = \dfrac{P - \pi}{\sqrt{P(1-P)/n}} \sim N(0,1)$	$P \pm U_{\alpha/2}\sqrt{P(1-P)/n}$
$\pi_1 - \pi_2$	$U = \dfrac{P_1 - P_2 - (\pi_1 - \pi_2)}{\sqrt{\pi_1(1-\pi_1)/n_1 + \pi_2(1-\pi_2)/n_2}} \sim N(0,1)$	$P_1 - P_2 \pm U_{\alpha/2}\sqrt{\pi_1(1-\pi_1)/n_1 + \pi_2(1-\pi_2)/n_2}$ 其中 P_1, P_2 为两个样本比例

2. 假设检验。假设检验就是对总体的参数或分布作出一种假设，然后根据样本提供的信息来决定是否拒绝这个原假设。为了确立拒绝假设的标准，首先定义一个小概率事件的标准，在原假设成立下，如果小概率事件发生了，则拒绝原假设。该方法在现代经济学和管理学的研究中得到了广泛的应用。假设检验的步骤以及原理如下：

① 确定一个显著水平 α，用它作为衡量小概率事件的标准，一般取为 0.05 或 0.01；

② 根据研究的问题事先确立原假设 H_0 和备择假设 H_1；

③ 选择检验统计量 T（通常在原假设成立时，T 的分布是已知的），根据 T 的分布及 α 的值来确定 H_0 的拒绝域；

④ 由样本观测值计算出统计量 T 的观测值 U_0，如果 U_0 落入 H_0 的拒绝域，则拒绝 H_0；否则，不能拒绝原假设 H_0。

注意：在 SAS 系统中，是由样本观测值计算出统计量 U 的观测值 U_0 和衡量观测结果极端性的 p 值（p 值就是当原假设成立时得到样本观测值和更极端结果的概率），然后比较 p 和 α 作判断：$p < \alpha$ 拒绝原假设 H_0；$p \geqslant \alpha$ 不能拒绝原假设 H_0。

p 值通常由下面的公式计算得到：

当拒绝域为两边对称的区域时，$p = p\{|U| \geqslant |U_0|\} = 2p\{U \geqslant |U_0|\}$；当拒绝域为两边非对称区域时，$p = 2\min\{p\{U \geqslant U_0\}, p\{U \leqslant U_0\}\}$；当拒绝域为右边区域时，$p = p\{U \geqslant U_0\}$；当拒绝域为左边区域时，$p = p\{U \leqslant U_0\}$；只需根据 SAS 计算出的 p 值，就可以在指定的显著水平下，作出拒绝或不能拒绝原假设的决定。

（1）正态总体均值和方差的假设检验。对正态总体的参数进行假设检验是这里的重要内容，如对单总体均值，方差的检验，两总体均值之差的检验和两总体方差比的检验等。正态总体参数的各种检验方法如表 2－3、表 2－4、表 2－5 所示。

表 2－3　　　　　　　　单总体 $N(\mu, \sigma^2)$ 的均值 μ 的检验法

检验名称	条件	类别	H_0	H_1	检验统计量	分布	拒绝域
U 检验	σ^2 已知	双边检验	$\mu = \mu_0$	$\mu \neq \mu_0$	$U = \dfrac{\bar{X} - \mu_0}{\sigma/\sqrt{n}}$	$N(0,1)$	$|U| \geqslant U_{\alpha/2}$
		左边检验	$\mu \geqslant \mu_0$	$\mu < \mu_0$			$U \leqslant -U_\alpha$
		右边检验	$\mu \leqslant \mu_0$	$\mu > \mu_0$			$U \geqslant U_\alpha$
T 检验	σ^2 未知	双边检验	$\mu = \mu_0$	$\mu \neq \mu_0$	$T = \dfrac{\bar{X} - \mu_0}{S/\sqrt{n}}$	$t(n-1)$	$|t| \geqslant t_{\alpha/2}(n-1)$
		左边检验	$\mu \geqslant \mu_0$	$\mu < \mu_0$			$t \leqslant -t_\alpha(n-1)$
		右边检验	$\mu \leqslant \mu_0$	$\mu > \mu_0$			$t \geqslant t_\alpha(n-1)$

表 2－4　　　　　　　　单总体 $N(\mu, \sigma^2)$ 的方差 σ^2 的检验法

名称	条件	类别	H_0	H_1	检验统计量	分布	拒绝域
χ^2 检验	μ 已知	双边	$\sigma^2 = \sigma_0^2$	$\sigma^2 \neq \sigma_0^2$	$\chi^2 = \sum\limits_{i=1}^{n}\left(\dfrac{x_i - \mu}{\sigma_0}\right)^2$	$\chi^2(n)$	$\chi^2 \leqslant \chi^2_{1-\alpha/2}(n)$ 或 $\chi^2 \geqslant \chi^2_{\alpha/2}(n)$
		左边	$\sigma^2 \geqslant \sigma_0^2$	$\sigma^2 < \sigma_0^2$			$\chi^2 \leqslant \chi^2_{1-\alpha}(n)$
		右边	$\sigma^2 \leqslant \sigma_0^2$	$\sigma^2 > \sigma_0^2$			$\chi^2 \geqslant \chi^2_\alpha(n)$
	μ 未知	双边	$\sigma^2 = \sigma_0^2$	$\sigma^2 \neq \sigma_0^2$	$x^2 = \dfrac{(n-1)s^2}{\sigma_0}$ $= \sum\limits_{i=1}^{n}\left(\dfrac{x_i - \bar{x}}{\sigma_0}\right)$	$\chi^2(n-1)$	$\chi^2 \leqslant \chi^2_{1-\alpha/2}(n)$ 或 $\chi^2 \geqslant \chi^2_{\alpha/2}(n)$
		左边	$\sigma^2 \geqslant \sigma_0^2$	$\sigma^2 < \sigma_0^2$			$\chi^2 \leqslant \chi^2_{1-\alpha}(n)$
		右边	$\sigma^2 \leqslant \sigma_0^2$	$\sigma^2 > \sigma_0^2$			$\chi^2 \geqslant \chi^2_\alpha(n)$

表 2-5 两正态总体的均值差与方差比的检验

名称	条件	类别	H_0	H_1	检验统计量	分布	拒绝域
T 检验	两样本独立，$\sigma_1^2 = \sigma_2^2 = \sigma^2$ 未知	双边	$\mu_1 - \mu_2 = 0$	$\mu_1 - \mu_2 \neq 0$	$T = \dfrac{\overline{X} - \overline{Y}}{S_w \sqrt{1/n_1 + 1/n_2}}$ 其中 S_w 同上	$t(n_1 + n_2 - 2)$	$\lvert t \rvert \geqslant t_{\alpha/2}(n_1 + n_2 - 2)$
		左边	$\mu_1 - \mu_2 \geqslant 0$	$\mu_1 - \mu_2 < 0$			$t \leqslant -t_\alpha(n_1 + n_2 - 2)$
		右边	$\mu_1 - \mu_2 \leqslant 0$	$\mu_1 - \mu_2 > 0$			$t \geqslant t_\alpha(n_1 + n_2 - 2)$
T 检验	成对匹配样本，σ_1^2, σ_2^2 未知	双边	$\mu_p = 0$	$\mu_p \neq 0$	$t = \dfrac{\overline{P}}{S/\sqrt{n}}$	$t(n-1)$	$\lvert t \rvert \geqslant t_{\alpha/2}(n-1)$
		左边	$\mu_p \geqslant 0$	$\mu_p < 0$			$t \leqslant -t_\alpha(n-1)$
		右边	$\mu_p \leqslant 0$	$\mu_p > 0$			$t \geqslant t_\alpha(n-1)$
F 检验	两样本独立，μ_1, μ_2 未知	双边	$\sigma_1^2/\sigma_2^2 = 1$	$\sigma_1^2/\sigma_2^2 \neq 1$	$F = S_1^2/S_2^2$	$F(n_1 - 1, n_2 - 1)$	$F \leqslant F_{1-\alpha/2}(n_1 - 1, n_2 - 1)$ 或 $F \geqslant F_{\alpha/2}(n_1 - 1, n_2 - 1)$
		左边	$\sigma_1^2/\sigma_2^2 \geqslant 1$	$\sigma_1^2/\sigma_2^2 < 1$			$F \leqslant F_{1-\alpha}(n_1 - 1, n_2 - 1)$
		右边	$\sigma_1^2/\sigma_2^2 \leqslant 1$	$\sigma_1^2/\sigma_2^2 > 1$			$F \geqslant F_{1-\alpha}(n_1 - 1, n_2 - 1)$

（2）总体比例与比例差的检验。当样本容量 n 很大时（np 和 $n(1-p)$ 均大于 5 以上），可根据表 2-6 对总体比例与比例进行假设检验。

表 2-6 总体比例与比例差的检验

名称	检验类别	H_0	H_1	检验统计量	分布	拒绝域
比例检验	双边检验	$\pi = \pi_0$	$\pi \neq \pi_0$	$U = \dfrac{P - \pi_0}{\sqrt{\pi_0(1 - \pi_0)/n}}$	$N(0,1)$	$\lvert U \rvert \geqslant U_{\alpha/2}$
	左边检验	$\pi \geqslant \pi_0$	$\pi < \pi_0$			$U \leqslant -U_\alpha$
	右边检验	$\pi \leqslant \pi_0$	$\pi > \pi_0$			$U \geqslant U_\alpha$
两总体比例差检验	双边检验	$\pi_1 = \pi_2$	$\pi_1 \neq \pi_2$	$U = \dfrac{P_1 - P_2}{S\sqrt{P_1(1 - P_1)/n_1 + P_2(1 - P_2)/n_2}}$	$N(0,1)$	$\lvert U \rvert \geqslant U_{\alpha/2}$
	左边检验	$\pi_1 \geqslant \pi_2$	$\pi_1 < \pi_2$			$U \leqslant -U_\alpha$
	右边检验	$\pi_1 \leqslant \pi_2$	$\pi_1 > \pi_2$			$U \geqslant U_\alpha$

3. 基于经验分布函数的统计量。一个样本 $\{x_i\}$ $i = 1$，2，$\cdots$，n 的经验分布函数（Empirical Distribution Function，简称 EDF）定义为如下函数：

$$F(x) = (1/n)(x_i \leqslant x \text{ 的个数})$$

Npar1way 利用第 j 组中的样本值生成一个 EDF（F_j），令 n_j 表示第 j 组水平中的样本量。n 是总的样本量，于是对全部样本的 EDF 写成 F。

（1）Kolmogorov—Smirnov 统计量。由 Npar1way 过程计算的 Kolmogorov—Smirnov 统计量为：

$$KS = \max_i \sqrt{\sum_j (n_j/n) \left[F_j(x_i) - F(x_i) \right]^2}$$

其中，j 表示组别，而 i 表示样本顺序。KS 度量了组内 EDF 对于合并的 EDF 的最大偏差。其近似统计量为：

$$KS_a = KS\sqrt{n}$$

（2）Cramer-von Mises 统计量。Cramer-von Mises 统计量的定义如下：

$$CM = \sum_j (n_j/n^2) \sum_{i=1}^{p} t_i (F_j(x_i) - F(x_i))^2$$

这里 t_i 是第 i 个不同值上结（重复数，对待结在 EDF 中得分处理一般是平均得分）的个数，p 是不同值的个数。CM 度量了组内 EDF 对于合并的 EDF 的总偏差。

（3）Kuiper 统计量。如果只有两个分类水平，过程将计算 Kuiper 统计量：

$$K = \max_i (F_1(x_i) - F_2(x_i)) - \min_i (F_1(x_i) - F_2(x_i))$$

其近似值为：

$$Ka = K\sqrt{(n_1 n_2)/n}$$

二、实验软件平台

（一）TTEST 过程

SAS 系统中常用于检验功能的过程有：Univariate、Means、Summaru、Tabulate 以及过程，而 Ttest 过程则是专门用来进行 t 检验的 SAS 过程，其余的 3 个在实验一中有详细介绍，这里不再叙述。Ttest 过程可以执行单样本均值的 t 检验，配对数据的 t 检验以及双样本均值比较的 t 检验。该过程是在一些假设条件之下进行检验的，假设条件有以下两点：双样本组均值比较要求两组观测值的方差相等和检验的对象要求服从正态分布。Ttest 过程的一般语法格式如下：

proc ttest <选项列表>；
［class <分组变量名>；］
［var <分析变量名列表>；］
［pair <变量名列表>；］
［by <分组变量名>；］
run；

其中，Proc Ttest 和 Run 语句是必须的，其余语句都是可选的，而且可调换顺序，但是在这个过程中这些语句最多只能用一次。Class 语句所指定的分组变量时用来进行分组间比较的；Var 语句引导要检验的所有变量列表，SAS 将对 Var 语句所引导的所有变量分别进行组间均值比较的 t 检验；而 BY 语句所指定的分组变量时用来将数据分为若干个更小的样本，以便 SAS 分别在各小样本内进行各自独立的处理。

pair 语句用来指定配对 t 检验中要进行比较的变量对，其后所带的变量名列表一般形式及其产生的效果见表 2 – 7。

表 2 -7	选项及其含义
变量名列表形式	产生的效果
a * b	a - b
a * b c * d	a - b, c - d
(a b) * (c d)	a - c, a - d, b - c, b - d
(a b) * (c b)	a - c, a - b, b - c

Proc Ttest 语句后可跟的选项及其表示的含义如表 2 - 8 所示。

表 2 -8	选项及其含义
选项	代表的含义
data =	等号后为 SAS 数据集名，指定 ttest 过程所要处理的数据集，默认值为最近处理的数据集
alpha =	等号后面为 0 ~ 1 之间的任何值，指定置信水平，默认为 0.05
. ci =	等号后为 equal，umpu，none 的一个，表示标准差的置信区间的显示形式，默认为 ci = equal
cochran =	有此选项时，ttest 过程对方差不齐时的近似 t 检验增加 cochran 近似法
h0 =	等号后为任意实数，表示检验假设中对两均值差值的设定，默认值为 0

（二）用 Npar1way 进行非参数单因素方差分析

Npar1way 过程是一个单因子的非参数方差分析过程。该过程分析变量的秩，并计算几个基于经验分布函数（EDF）和通过一个单因子分类的响应变量确定秩得分的统计量（见第一部分的说明），Npar1way 过程的调用与 Anova 过程（在后面的实验中会有介绍）不同，因为它是单因素方差分析过程，所以只要用 Class 语句给出分类变量（因素），用 VAR 语句给出指标就可以了，一般格式为：

proc npar1way data = <数据集> <选项>;
class <分组变量名>;
var <分析变量名列>;
run;

当方差分析的正态分布假定或方差相等假定不能满足时，对单因素问题，可以使用非参数方差分析的 Kruskal-Wallis 检验方法。这种检验不要求观测来自正态分布总体，不要求各组的方差相等，甚至指标可以是有序变量（变量取值只有大小之分而没有差距的概念，比如磨损量可以分为大、中、小三档，得病的程度可以分为重、轻、无，等等）。

数据集后面的 <选项> 包括下面一些选择分析的方法：如 Anova，Edf，Median，Savage，Vw，Wilcoxon，同学们可以在实验中一一实验它们的意义。

（三）SAS 函数的调用

SAS 函数分为以下 17 种类型：算术函数、数组函数、截取函数、数学函数、三角和双曲函数、概率函数、分位数函数、非中心函数、样本统计函数、随机数函数、财政金融函数、字符函数、日期和时间函数等等。尤其是其中的一些概率统计函数对我们做数据分析和模拟非常的重要，本节节选了几个在本实验中运用到的函数简单介绍。

1. 标准正态分布函数。

PROBNORM（X）

该函数计算服从标准正态分布的随机变量 U 小于给定 X 的概率，即 $P\{U < X\}$。

例如：data；

mu1 = probnorm（0）；

put mu1；

run；

结果是 0.5。若 mu1 = probnorm（1.96）；结果为 0.975。

2. 分位数函数。

设连续型随机变量 X 分布函数 $F(X)$，对给定的 $p(0 \leqslant p \leqslant 1)$，若有 X_p 使得 $F(X_P) = p$，则称 X_p 为随机变量 X 的 p 分位数。

χ^2 分布的分位数：Cinv(p，df，nc)

其中：$0 \leqslant p \leqslant 1$，$df > 0$，$nc \geqslant 0$，$df$ 为自由度，nc 为非中心参数。

例如：data；

mu1 = cinv（0.95，3）；　　put mu1；

mu2 = cinv（0.95，3.5，4.5）；　　put mu2；

run；

结果是 mu1 = 7.8147，mu2 = 17.505

三、具体实验要求

1. 实验目的：利用样本对总体进行统计推断，主要有两类问题：一类是参数估计问题，另一类是假设检验问题。参数估计是根据样本的统计量来对总体的参数进行估计，假设检验则是研究如何利用样本得到的统计量来检验事先对总体参数所作的假设是否正确。本实验目的是使学生掌握服从正态分布总体的均值，方差的区间估计与假设检验以及非参数检验。

2. 实验要求及学时：实验形式（个人）；实验学时数 4。

3. 实验环境及材料（使用的软件系统、实验设备、主要仪器、材料等）。装有版本为8.1 以上的 SAS 系统的个人电脑（每人 1 台）。

4. 实验内容。用 SAS 软件进行服从正态分布的单个总体的均值和方差进行参数估计与区间估计，与假设检验以及非参数检验。

5. 实验方法和操作步骤。

（1）生成数据。

data zt；

retain_seed_0；

```
mul = 0;
mu2 = 2;
sigmal = 1;
sigma2 = 4;
do_i_ = 1 to 1000;
normall = mul + sigmal * rannor (_seed_);
normal2 = mu2 + sigma2 * rannor (_seed_);
output;
end;
drop_seed__i_mul sigmal mu2 sigma2;
run;
```

这个步骤用 rannor 函数生成两个正态分布的变量保存在数据表 zt 中。

（2）运用 univariate 过程作正态性检验。

```
proc univariate data = zt normal;
var normall normal2;
histogram normall normal2;
probplot normall normal2; /* 正态性假设检验* /
run;
```

这步的结果如表 2-9、图 2-1、图 2-2 所示。

表 2-9   normall 的正态性检验结果

```
                      Tests for Normality

Test                    --Statistic---    -----p Value------

Shapiro-Wilk        W    0.997885    Pr < W      0.2378
Kolmogorov-Smirnov  D    0.023719    Pr > D     >0.1500
Cramer-von Mises    W-Sq 0.05685     Pr > W-Sq  >0.2500
Anderson-Darling    A-Sq 0.383107    Pr > A-Sq  >0.2500
```

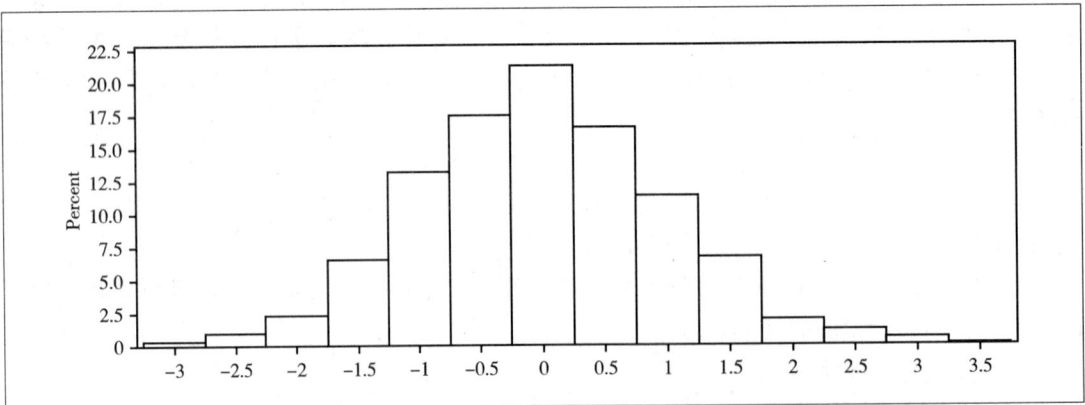

图 2-1 normall 的直方图

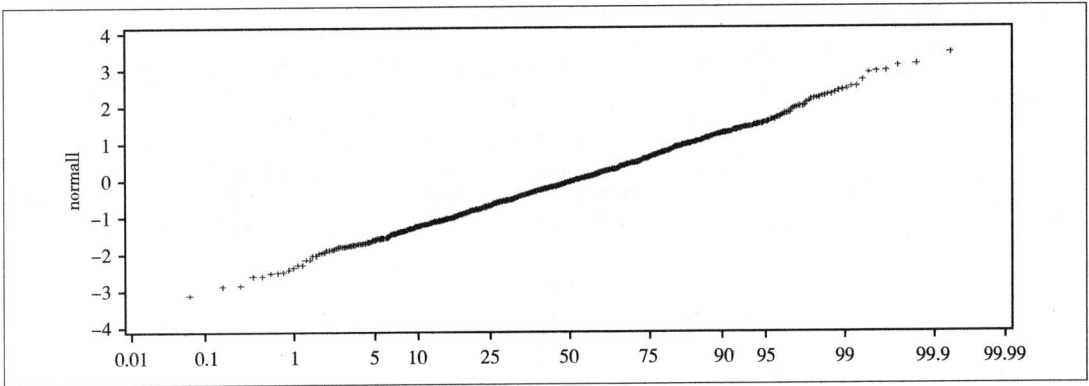

图 2 - 2　normal1 的 QQ 图

分析：表 2 - 9 中的 p-value 都是大于 0.05 的，从检验的数量结果显示变量 normal1 是服从正态分布的，从直方图和 QQ 图我们也可以看到，直方图是对称的，而 QQ 图也是一条直线。在程序的结果中还会相应的给出 normal2 的检验结果。

（3）用 ttest 过程对变量 normal1 均值假设检验（$H_0: \mu = 0$）。

proc ttest data = zt h0 = 0 alpha = 0.01; /* 总体均值的假设检验* /

var normal1;

run;

这步的结果见表 2 - 10，结果分析：表 2 - 10 中的 p-value 等于 0.5312，远大于 0.05 的，从检验的数量结果显示变量 normal1 的均值 $\mu = 0$ 是被接受的。

（4）用 pair 命令做成配对样本的假设检验。

proc ttest data = zt h0 = 0; /* 成配对样本的假设检验* /

pair normal1 * normal2;

run;

这步的结果见表 2 - 11，结果分析：分析：表 2 - 11 中的 p-value 小于 0.0001，从检验的数量结果显示变量 normal1 和 normal1 的均值相等是不被接受的。

表 2 - 10　　　　　　　　　　　　　　normal1 均值的假设检验

```
                          The SAS System      22:50 Saturday, December 18, 2009   5

                          The TTEST Procedure

                              Statistics

                 Lower CL        Upper CL  Lower CL         Upper CL
    Variable   N    Mean   Mean    Mean    Std Dev  Std Dev  Std Dev  Std Err  Minimum  Maximum
    normal1  1000   -0.1   -0.02  0.061    0.9337   0.9877   1.0478   0.0312   -3.116   3.4414

                               T-Tests

              Variable    DF   t Value   Pr > |t|
              normal1    999    -0.63     0.5312
```

表 2 – 11　　　　　　　　　　**normal1 均值的假设检验**

```
                              The SAS System        22:50 Saturday, December 18, 2009    6
                              The TTEST Procedure
                                 Statistics

                     Lower CL            Upper CL  Lower CL            Upper CL
Difference        N    Mean     Mean       Mean    Std Dev   Std Dev  Std Dev   Std Err
normal1 - normal2  1000  -2.191   -1.939     -1.687    3.8892    4.0597   4.2459    0.1284

                                 T-Tests
                     Difference        DF    t Value   Pr > |t|
                     normal1 - normal2  999    -15.11    <.0001
```

（5）练习 means 过程输出 price open 的基本统计量。

proc means data = lwh; /* 数据表 lwh 来源于实验一* /

var price open;

run;

这步的结果见表 2 – 12。

表 2 – 12　　　　　　　　　　**price open 的 means 过程**

```
                              The SAS System        22:50 Saturday, December 18, 2009    7
                              The MEANS Procedure

Variable   Label      N          Mean        Std Dev       Minimum       Maximum
price      price     1542    12.9841505     9.2299552     3.1900000    156.3600000
open       open      1542    13.0427432     9.2388089     3.2400000    156.4000000
```

（6）两独立的且服从正态分布的观测组均值相等的假设检验。

data sz sh;

set lwh;

select (region);

when ('sz') output sz;

when ('sh') output sh;

end;

drop sex;

run;

proc univariate data = sz normal;

var price;

histogram price;

probplot price;

run;

结果见表 2 – 13。

表 2 - 13   **上海的 price 正态性检验结果**

	Tests for Normality			
Test	---- Statistic ----		------- p Value -------	
Shapiro-Wilk	W	0.813103	Pr < W	< 0.0001
Kolmogorov-Smirnov	D	0.137477	Pr > D	< 0.0100
Cramer-von Mises	W-Sq	6.14782	Pr > W - Sq	< 0.0050
Anderson-Darling	A-Sq	35.46354	Pr > A - Sq	< 0.0050

分析：从 p Value 可以看到上海的 price 并不服从正态分布。

proc univariate data = sh normal;

var price;

histogram price;

probplot price;

run;

这步的结果见表 2 - 14，结果分析：从 p Value 可以看到深圳的 price 并不服从正态分布。

表 2 - 14   **深圳的 price 正态性检验结果**

	Tests for Normality			
Test	---- Statistic ----		------- p Value -------	
Shapiro-Wilk	W	0.631515	Pr < W	< 0.0001
Kolmogorov-Smirnov	D	0.185794	Pr > D	< 0.0100
Cramer-von Mises	W-Sq	10.60474	Pr > W-Sq	< 0.0050
Anderson-Darling	A-Sq	59.02967	Pr > A-Sq	< 0.0050

proc ttest cochran data = lwh;

class region;

var price;

run;

/* cochran 在方差不相等的时候要求用 cochran 和 cox 近似计算* /

结果如表 2 - 15 所示。

表 2 - 15   **深圳的 price 正态性检验结果**

	T-Tests				
Variable	Method	Variances	DF	t Value	Pr > | t |
price	Pooled	Equal	1540	- 3.03	0.0024
price	Satterthwaite	Unequal	1531	- 3.05	0.0023
price	Cochran	Unequal		- 3.05	0.0024
	Equality of Variances				
Variable	Method	Num DF	Den DF	F Value	Pr > F
price	Folded F	823	717	1.13	0.0893

分析：从 p Value = 0.0024 可知，用 Ttest 过程检验的结果是深圳和上海的 price 不相等，有显著性差别，从检验的过程可知这个结果并不可靠。

注意：用 Ttest 过程计算的 t 统计量的基本假设是这些观测时随机样本，且来自两个独立且正态分布的总体。如果 t 检验的假设不能满足，请使用 proc npar1way 进行分析。

（7）练习 npar1way 过程对深圳和上海市场的股价假设检验（非参数）。

```
proc npar1way data = lwh; /* 两独立样本的假设检验 (非参数) * /
class region;
var price;
run;
```

部分结果如表 2 - 16 所示。

分析：表 2 - 16 中的 p-value 小于 0.001，从检验的数量结果显示深圳和上海市场的股价是有显著性的区别的。以上只是挑出 npar1way 中 Wilcoxon 检验方法的结果，其他方法的结果可以做相应的分析。

（8）对 normal2 的方差假设检验（非参数）。

```
proc means var data = zt; /* 总体方差的假设检验* /
var normal2;
output out = test var = varex;
run;
data a  (drop = _type_);
set test;
```

表 2 - 16　　　　　　　　　　**深圳和上海市场股价的 npar1way 过程**

```
                    The SAS System        22:50 Saturday, December 18, 2009
                  The Npar1way Procedure

          Wilcoxon Scores (Rank Sums) for Variable price
                  Classified by Variable region

                     Sum of      Expected      Std Dev        Mean
     region    N     Scores      Under H0      Under H0       Score
     sz      718    589223.0     553937.0     8722.03448    820.644847
     sh      824    600430.0     635716.0     8722.03448    728.677184

            Average scores were used for ties.


              Wilcoxon Two-Sample Test

     Statistic            589223.0000

     Normal Approximation
     Z                          4.0456
     One-Sided Pr > Z          <.0001
     Two-Sided Pr > |Z|        <.0001

     t Approximation
     One-Sided Pr > Z          <.0001
     Two-Sided Pr > |Z|        <.0001

     Z includes a continuity correction of 0.5.


                 Kruskal-Wallis Test

     Chi-Square               16.3670
     DF                             1
     Pr > Chi-Square           <.0001
```

```
k = _freq_ - 1;
chisq = k* varex/16;
p = 1 - probchi (chisq, k);
cil = cinv (0. 025, k);
ci2 = cinv (0. 975, k);
proc print data = a noobs;
run;
```
结果如表 2 – 17 所示。

表 2 – 17   normal2 的方差假设检验

			The SAS System		22:50 Saturday, December 18, 2009	15
FREQ	varex	k	chisq	p	cil	ci2
1000	14.9199	999	931.558	0.93689	913.301	1088.49

分析：表 2 – 17 中的 p – value 等于 0. 93689，从检验的数量结果显示接受 normal2 的方差等于 14. 92。

（9）多元统计分析中的两组独立样本比较的假设检验

人体尺寸的三个指标为：身高（X_1），胸围（X_2）和上半臂围（X_3），$X_\alpha(\alpha = 1, \cdots, 14)$ 为来自总体 $X = (X_1, X_2, X_3)'$ 的随机样本，并设 $X: N_3(\mu, \Sigma)$。试利用表 2 – 18 的数据来检验男婴和女婴的人体尺寸之间是否有显著性的差别。

表 2 – 18

性别	身高（X_1）	胸围（X_2）	上半臂围（X_3）
男	78	60.6	16.5
男	76	58.1	12.5
男	92	63.2	14.5
男	81	59	14
男	81	60.8	15.5
男	84	59.5	14
女	80	58.4	14
女	75	59.2	15
女	78	60.3	15
女	75	57.4	13
女	79	59.5	14
女	78	58.1	14.5
女	75	58	12.5
女	64	55.5	11
女	80	59.2	12.5

实验程序如下：

```
data d322;
input type x1 - x3;
cards;
1     78     60. 6     16. 5
1     76     58. 1     12. 5
1     92     63. 2     14. 5
1     81     59. 0     14. 0
1     81     60. 8     15. 5
1     84     59. 5     14. 0
2     80     58. 4     14. 0
2     75     59. 2     15. 0
2     78     60. 3     15. 0
2     75     57. 4     13. 0
2     79     59. 5     14. 0
2     78     58. 1     14. 5
2     75     58. 0     12. 5
2     64     55. 5     11. 0
2     80     59. 2     12. 5
; run;
proc iml;
n =6;  m =9;  p =3;
use d322  (obs =6);
xx =  {x1 x2 x3};
read all var xx into x; print x;
ln =  { [6] 1}; print ln;
x0 =  (ln* x) /n; print x0;
mx =i (n) ⁻j (n, n, 1) /n; print mx;
ss =i (6); mm =j (6, 6, 1); print ss mm;
a1 =x′* mx* x; print a1;
use d322  (firstobs =7);
read all var xx into y; print y;
lm =  { [9] 1};
y0 =  (lm* y) /m; print y0;
my =i (m) ⁻j (m, m, 1) /m;
a2 =y′* my* y; print a2;
a =a1 +a2; xy =x0 ⁻y0;
ai =inv (a); print a ai;
dd =xy* ai* xy′; d2 =(m +n ⁻2)* dd;
```

t2 = n* m* d2/ (n + m);

f = (n + m − 1 − p) * t2/((n + m − 2)* p);

print d2 t2 f;

pp = 1 − probf (f, p, m + n − p − 1);

print pp; run;

结果分析如下：

pp = 0.2692616 > 0.05。接受原假设，认为两者之间没有显著性的区别。

6. 实验报告要求。

（1）实验报告要以事实为依据，推理要合乎逻辑，不可无根据地臆断。

（2）在写作实验报告时，要按照一定的格式，不能忽视最基本的规范要求。要根据事物的结构特点和逻辑顺序，来考虑表达的形式和表述的方法。

（3）实验报告的表述应具有可读性。语言阐述必须精确、通俗，在不损害规范性的前提下，尽可能使用简洁的语言。

7. 练习实验。

（1）中核科技（000777）于2009年11月3日向外公布：公司拟非公开发行股票具体发行方案，本次非公开发行股份数量不超过2 500万股（含2 500万股）。对象为不超过10名的符合中国证监会规定的特定投资者，发行价不低于14.54元/股。为了考察这个发行方案对股票收益有无显著性影响，现收集了该公司自2009/09/22到2009/12/04的交易数据，请设计实验检验是否有显著性差异，见表2-19。

表2-19

单位：元

时间	开盘	最高	最低	收盘
2009/09/22	17.12	17.2	16.3	16.38
2009/09/23	17.2	18.02	17.2	18.02
2009/09/24	17.84	19.65	17.11	18.48
2009/09/25	17.78	17.78	16.63	16.63
2009/09/28	16.5	16.89	15.41	15.62
2009/09/29	15.6	15.67	14.22	14.83
2009/09/30	14.9	15.38	14.81	14.94
2009/10/09	15.2	15.67	15.01	15.6
2009/10/12	15.63	16.09	15.3	15.78
2009/10/13	15.5	15.89	15.36	15.89
2009/10/14	15.91	16.49	15.77	16.35
2009/10/15	16.4	16.72	16.13	16.48
2009/10/16	16.52	16.55	15.99	16.3
2009/10/19	16.28	16.6	16.14	16.5
2009/10/20	16.67	17.17	16.49	16.79
2009/10/21	16.84	16.85	16.35	16.4

时间	开盘	最高	最低	收盘
2009/10/22	16.33	16.75	16.32	16.45
2009/10/23	16.45	16.84	16.45	16.71
2009/10/26	16.88	17.4	16.85	17.12
2009/10/27	17	17.01	16.25	16.27
2009/10/28	16.26	16.41	15.85	16.41
2009/10/29	16.04	16.14	15.56	15.58
2009/10/30	15.86	15.99	15.68	15.68
2009/11/02	15.39	16.2	15.2	16.2
2009/11/03	16.21	17.38	16.21	17.03
2009/11/06	18.73	18.73	17.68	18.3
2009/11/09	18	18.78	17.8	18.19
2009/11/10	18.21	18.38	17.85	18.21
2009/11/11	18.21	18.61	18.04	18.45
2009/11/12	18.45	18.78	17.93	18.06
2009/11/13	18.18	18.82	17.97	18.82
2009/11/16	19.32	19.77	18.83	19
2009/11/17	19.01	20.9	18.9	20.64
2009/11/18	20.29	20.58	19.85	20.22
2009/11/19	20.15	20.4	19.74	20.09
2009/11/20	20.12	20.5	19.9	20.05
2009/11/23	20.05	20.43	19.97	20.28
2009/11/24	20.29	20.39	18.6	18.67
2009/11/25	18.42	19.15	18.25	19.05
2009/11/27	18.18	19.99	18.18	19.14
2009/11/30	19.11	20.98	19.11	20.95
2009/12/01	20.73	21.15	20.18	21.09
2009/12/02	21.39	21.63	20.72	20.89
2009/12/03	20.6	21.55	20.6	21.13
2009/12/04	21.08	21.08	19.6	20.01

```
实验三
```

回归分析和方差分析
（设计性实验）

一、实验原理

在本实验中，将要介绍如何使用 SAS 系统来完成回归分析和方差分析。回归分析研究的是变量之间数量伴随的关系，并通过一定的数学表达式将这种数量关系描述出来。而方差分析则是检验多个总体均值是否相等，但本质上它所研究也是变量之间的关系。这与回归分析方法原理上有相通之处，但又有一定的区别。

（一）回归分析的基本概念

1. 回归模型。变量 Y 与其他有关变量 X_1, X_2, …, X_m 的关系表示为函数形式：

$Y = f(X_1, X_2, …, X_m) + \varepsilon$

称为"回归模型"，其中 ε 是模型的随机误差项，故也称为模型误差，在模型中通常假设 $\varepsilon: N(0, \sigma^2)$。模型中的变量 Y 称为因变量或"响应变量"，变量 X_1, X_2, …, X_m 称为自变量或"解释变量"，通常建立回归模型的目的是要用解释变量来说明因变量的变化规律，并对其进行预测。做回归分析一般有下面一些步骤：

（1）建立变量 Y 与 X_1, X_2, …, X_m 的经验公式（回归方程，预测公式），然后从样本数据出发，确定变量之间近似的数学关系式（即用最小二乘法确定公式中的参数值）；

（2）对经验公式的可信度进行检验（拟合度指标）；

（3）判断每个自变量 $X_i (i=1, 2, …, k)$ 对 Y 的影响是否显著（ t 检验）；

（4）对经验公式进行回归诊断（诊断经验公式是否适合这组数据），根据诊断的结果回到第一步修正经验公式（通常有解释变量的个数是否合适，是否需要解释变量的其他函数形式加入如：指数、幂函数等，残差有无规律等等）；

（5）利用合适的经验公式，根据自变量的取值对因变量的取值进行预测。

2. 线性回归模型（Line Regression model）。当上面回归模型中的 f 为线性函数时，该回归模型则称为线性回归模型，该模型理论上较为成熟和完善，而且很多非线性问题也可以转为线性问题来解决，所以这里主要讨论线性回归模型。线性回归模型的一般形式为：

$$Y = \beta_0 + \beta_1 X_1 + \beta_2 X_2 + \cdots + \beta_m X_m + \varepsilon$$

式中，β_0，β_1，$\cdots$，β_m 是未知的参数。当 $m = 1$ 时，为一元线性模型：$Y = \beta_0 + \beta_1 X_1 + \varepsilon$。如果有 n 次独立的观测数据 $(x_{i1}, x_{i2}, \cdots, x_{im}; y_i)$ $i = 1, 2, \cdots, n$ 则线性回归模型可以表示成如下形式：

$$\begin{cases} y_1 = \beta_0 + \beta_1 X_{11} + \beta_2 X_{12} + \cdots + \beta_m X_{1m} + \varepsilon_1 \\ y_2 = \beta_0 + \beta_1 X_{21} + \beta_2 X_{22} + \cdots + \beta_m X_{2m} + \varepsilon_2 \\ \vdots \\ y_n = \beta_0 + \beta_1 X_{n1} + \beta_2 X_{n2} + \cdots + \beta_m X_{nm} + \varepsilon_n \end{cases}$$

式中，ε_1，ε_2，$\cdots$，ε_n 相互独立且服从 $N(0, \sigma^2)$ 分布。也可以写成如下矩阵形式：

$$Y = X\beta + \varepsilon$$

其中

$$Y = \begin{bmatrix} y_1 \\ y_2 \\ \vdots \\ y_n \end{bmatrix}, \quad X = \begin{bmatrix} 1 & x_{11} & \cdots & x_{1m} \\ 1 & x_{21} & \cdots & x_{2m} \\ \vdots & \vdots & \ddots & \vdots \\ 1 & x_{n_1} & \cdots & x_{nm} \end{bmatrix}, \quad \beta = \begin{bmatrix} \beta_0 \\ \beta_1 \\ \vdots \\ \beta_n \end{bmatrix}, \quad \varepsilon = \begin{bmatrix} \varepsilon_1 \\ \varepsilon_2 \\ \vdots \\ \varepsilon_n \end{bmatrix}$$

3. 参数 β 与 σ^2 的估计。要建立回归方程首先要知道的就是方程中参数的值，所以这里要简单介绍一下回归系数向量 β 和误差方差 σ^2 的点估计。当矩阵 X 为列满秩时，即 $rank(X) = m + 1 \leqslant n$，参数 β 的最小二乘估计是唯一的。

$$\hat{\beta} = (X'X)^{-1} X'Y$$

当估计出 β 为 $\hat{\beta} = (\hat{\beta}_0, \hat{\beta}_1, \cdots, \hat{\beta}_m)'$ 后，将其代入回归模型并略去误差项，得到的方程 $\hat{Y} = \hat{\beta}_0 + \hat{\beta}_1 X_1 + \hat{\beta}_2 X_2 + \cdots + \hat{\beta}_m X_m$ 称为回归方程。利用回归方程可由自变量 X_1，X_2，$\cdots$，X_m 的观测值求出因变量 Y 的估计值（预测值）。预测值与实测值的差称为残差：

$$\varepsilon = Y - \hat{Y} = Y - X(X'X)^{-1} X'Y = Y - HY = (I - H)Y$$

其中，$H = X(X'X)^{-1} X'$ 称为残差向量，简称残差，其中 I 为 n 阶单位矩阵。特别地，一元回归方程参数的最小二乘估计为：

$$\hat{\beta}_1 = \frac{\sum_{i=1}^{n} (x_i - \bar{x})(y_i - \bar{y})}{\sum_{i=1}^{n} (x_i - \bar{x})^2}, \quad \hat{\beta}_0 = \bar{y} - \hat{\beta}_1 \bar{x}$$

式中，$\bar{x}$ 和 $\bar{y}$ 分别为 X 和 Y 的样本均值。

若 $rank(X) = m + 1 \leqslant n$，均方残差（$MSE$）：$s^2 = \frac{1}{n - m - 1} SSE$ 即为误差 ε 的方差（也是实测值 Y 的方差）σ^2 的无偏估计，均方残差也称为均方误差。

4. 回归方程的拟合优度。当给出回归系数向量 β 和误差方差 σ^2 的点估计 $\hat{\beta}=(\hat{\beta}_0, \hat{\beta}_1, \cdots, \hat{\beta}_m)'$ 和 s^2 后，我们很容易就可以得出一个回归方程：

$$\hat{Y}=\hat{\beta}_0+\hat{\beta}_1 X_1+\hat{\beta}_2 X_2+\cdots+\hat{\beta}_m X_m \qquad \varepsilon \sim N(0, s^2)$$

但是我们如何来了解这个回归方程与实际情况吻合效果如何呢？这是建立这个模型不可回避的重要问题。为了解决这个问题需要先介绍几个概念：

（1）残差平方和（error sum of squares）：$SSE=\hat{\varepsilon}'\hat{\varepsilon}=\sum_{i=1}^{n}(y_i-\hat{y}_i)^2$ 反映了除去 Y 与 X_1, X_2, $\cdots$, X_m 之间的线性关系以外的因素引起的数据 y_1, y_2, $\cdots$, y_n 的波动。若 $SSE=0$，则每个观测值可由线性关系精确拟合，这种情况是很少的，一般 SSE 越大，观测值与线性预测值的偏差也越大。

（2）模型平方和（model sum of squares）：$SSM=\sum_{i=1}^{n}(\hat{y}_i-\bar{y})^2$ 反映了线性预测值与其平均值的总偏差的大小，即由变量 X_1, X_2, $\cdots$, X_m 的变化引起的 y_1, y_2, $\cdots$, y_n 的波动。若 $SSM=0$，则每个预测值均相等，即 $\hat{y}_i$（$i=1, 2, \cdots, n$）不随 X_1, X_2, $\cdots$, X_m 的变化而变化，隐含的意思是 $\beta_1=\cdots=\beta_m=0$。

（3）总变差平方和（total sum of squares）：$SST=\sum_{i=1}^{n}(y_i-\bar{y})^2$ 反映了数据 y_1, y_2, $\cdots$, y_n 相对均指 $\bar{y}$ 的波动性的大小。

以上三个指标有这样的关系：$SST=SSM+SSE$。因此，SSM 越大，说明由线性回归关系描述的 y_1, y_2, $\cdots$, y_n 波动的比例就越大，即 Y 与 X_1, X_2, $\cdots$, X_m 之间的线性关系越显著。根据这个原理，利用上面三个指标，我们就可以定义衡量回归方程与实际情况吻合效果的判定系数（determination coefficient，又叫拟合度）：

$$R^2=\frac{SSM}{SST}=1-\frac{SSE}{SST}$$

可以解释为在 y_1, y_2, $\cdots$, y_n 的总变化量 SST 中被线性回归方程所描述的比例。R^2 越大，说明该回归方程描述因变量总变化量的比例越大，相应的误差平方和 SSE 就越小，即拟合效果越好。可见 R^2 反映了回归方程对数据的拟合程度，是衡量拟合优劣的一个很重要的统计量。

R 又被称为复（多重）相关系数。在一元回归模型中，可以证明 R 恰好是由 (x_i, y_i) 得到的 X 与 Y 的相关系数，即有：

$$R^2=\frac{\sum_{i=1}^{n}(\hat{y}_{i.}-\bar{y})^2}{\sum_{i=1}^{n}(y_i-\bar{y})^2}=\left[\frac{\sum_{i=1}^{n}(x_i-\bar{x})(y_i-\bar{y})}{\sqrt{\sum_{i=1}^{n}(x_i-\bar{x})^2}\sqrt{\sum_{i=1}^{n}(y_i-\bar{y})^2}}\right]^2=r^2$$

在多元回归分析中，经常会出现因增加自变量而高估 R^2 的情形，因此常用修正 R^2（$AdjR^2$）来代替 R^2，其定义为：

$$AdjR^2 = 1 - \frac{SSE/(n-m-1)}{SST/(n-j)}$$

式中，若模型中包含截距 β_0，则 $j=1$，否则 $j=0$。$AdjR^2$ 与 R^2 类似，不同的是 $AdjR^2$ 同时考虑了样本容量 n 和模型中参数个数 k 的影响，这使得 $AdjR^2$ 的值不会因自变量个数的增加而越来越接近 1。

5. 显著性检验。回归分析的主要目的是根据所建立的回归方程，用自变量 X_1，X_2，$\cdots$，X_m 的值估计或预测因变量 Y 的值。建立了回归方程后，还不能马上进行估计和预测，因为该方程是根据样本数据得出的，它是否真实反映了 X_1，X_2，$\cdots$，X_m 和 Y 之间的关系，需要检验后才能证实。显著性检验主要包括两个方面的内容：一是回归方程的检验，对回归方程中所有的系数做显著性检验。二是回归系数的检验，对回归方程中的单个系数分别做显著性检验。

（1）回归方程的检验。检验的原假设和备择假设为：

$H_0 : \beta_0 = \cdots = \beta_m = 0$；$H_1 : \beta_1 = \cdots = \beta_m$ 不全为 0

检验统计量

$$F = \frac{SSM/m}{SSE/(n-m-1)}$$

可以证明，当 H_0 为真时，$F : F(m, n-m-1)$，这里 $F(m, n-m-1)$ 表示自由度为 m，$n-n-1$ 的 F 分布。

利用 SAS 进行回归分析时，在方差分析表中提供 SSM、SSE 和 SST 的值（Sum of Squares）、均方（Mean Square）即 SSM/m、$SSE/(n-m-1)$、F 统计量的观察值 F_0（F Value）和相应的 $p = P\{F \geqslant F_0\}$ 值等。若 p 值小于给定的显著水平 α（一般为 0.05），拒绝原假设 H_0，在给定的显著水平 α 下，认为 Y 与自变量 X_1，X_2，$\cdots$，X_m 之间线性回归系数不全为零，或称回归方程是显著的；否则不能拒绝 H_0，认为 Y 与自变量 X_1，X_2，$\cdots$，X_m 之间线性回归关系不显著。

（2）回归系数的检验。如果在回归方程的检验结果中不能拒绝 H_0，则这个方程就没有建立的必要，需要修正。但是拒绝了 H_0 也并不意味着每个自变量 X_i 对 Y 的影响都是显著，可能其中的某些自变量对 Y 的影响并不显著。为了从回归方程中剔除那些对 Y 的影响不显著的自变量，需要进一步对每个回归系数 $\beta_i (i=1, 2, \cdots, m)$ 是否为 0 进行检验。检验的原假设和备择假设为：

$H_0^{(i)} : \beta_i = 0$　　$H_1^{(i)} : \beta_i \neq 0$　　$i = 1, 2, \cdots, m$

由于 $\hat{\beta} \sim N(\beta, (X'X)^{-1}\sigma^2)$，则有 $\beta_i \sim N(\beta_i, \alpha_{ii}\sigma^2)$，从而检验统计量为：

$$t_i = \frac{\hat{\beta}_i}{\sqrt{SSE/(n-m-1)}} \sim t(n-m-1)$$

在 SAS 的多元回归分析中，根据一组观测数据 $(x_{i1}, x_{i2}, \cdots, x_{ik}; y_i)$ $i = 1, 2, \cdots, n$，计算统计量 t_i 的观察值 t_{i0} 及相应的 $p_i = P\{|t_i| \geqslant |t_{i0}|\}$ 值。若 p_i 值小于给定的显著水平 α，拒绝原假设 $H_0^{(i)}$，认为在给定的显著水平 α 下，β_i 不为 0，即认为 X_i 对 Y 的作用是显著

的；否则不能拒绝 β_i 为 0，认为 X_i 对 Y 的作用不显著，这时常称 β_i 未通过检验。其中一元线性回归分析较特别，回归系数检验和回归方程的检验是统一的，因为整个回归方程中就一个参数，原假设和备择假设为：

$$H_0 : \beta_0 = 0 \; ; \; H_1 : \beta_1 \neq 0$$

检验统计量：

$$t = \frac{\hat{\beta}_1}{\sqrt{SSE / (n - 2)}} \sim t(n - 2)$$

式中，F 统计量恰为回归方程检验中的 F 统计量。

6. 回归诊断。确定所选择的回归模型是否能够恰当地拟合所研究的数据称为回归诊断。回归诊断与拟合回归模型的过程总是相结合在一起的。首先拟合模型，然后对该模型进行诊断，不理想的结果可能导致需要继续拟合第二个模型，然后再进行回归诊断，这个过程一直进行，直到求出拟合这组数据的最佳模型。对回归模型进行回归诊断的方法有很多，最重要的方法是残差分析和共线诊断（对多元回归的情况）。

（1）残差分析。残差 $\hat{\varepsilon}_i = y_i - \hat{y}_i (i = 1, 2, \cdots, n)$ 是 Y 的各观测值 y_i 与利用回归方程所得到的相应的拟合值 $\hat{y}_i$ 之差。在回归分析中，通常假定 $\varepsilon_i (i = 1, 2, \cdots, n)$ 是独立同正态分布的随机变量，有零均值和常值方差 σ^2。因此，若拟合的回归模型适合于所给数据，那么残差 $\hat{\varepsilon}_i (i = 1, 2, \cdots, n)$ 应该基本上反映未知误差 $\varepsilon_i (i = 1, 2, \cdots, n)$ 的这些特性。利用残差的特征反过来考察原模型的合理性就是残差分析的基本思想。

残差分析的目的是检验：

- 观测值中是否有异常值存在；
- 误差项正态分布的假设；
- 误差项的等方差假设；
- 误差项的独立性假设；
- 线性回归方程的可行性。

① 残差正态性的频率检验：残差正态性的频率检验的基本思想是将残差落在某范围的频率与正态分布在该范围的概率（或称为理论频率）相比较，通过二者之间偏差的大小评估残差的正态性，这是一种很直观的检验方法。在回归模型中，若 $\varepsilon_i \sim N(0, \sigma^2)$，则 $\frac{\varepsilon_i}{\sigma} \sim N(0, 1)(i = 1, 2, \cdots, n)$。如果模型正确，则均方残差：

$$MSE = \hat{\sigma}^2 = \frac{1}{n - m - 1} \sum_{i=1}^{n} \hat{\varepsilon}_i^2 = \frac{1}{n - m - 1} SSE$$

是 σ^2 的无偏估计。因此当 n 较大时，$\frac{\hat{\varepsilon}_i}{\sqrt{MSE}} (i = 1, 2, \cdots, n)$ 可认为是取自 $N(0, 1)$ 总体的样本。由于服从标准正态分布的随机变量取值在 $(-1, 1)$ 内的概率约为 0.68，在 $(-1.5, 1.5)$ 内的概率约为 0.87，在 $(-2, 2)$ 内的概率约为 0.95，因此理论上，点 $\frac{\hat{\varepsilon}_i}{\sqrt{MSE}} (i = 1, 2, \cdots, n)$ 中有大约 68% 应在 $(-1, 1)$ 内，87% 应在 $(-1.5, 1.5)$ 内，

95%应在（-2，2）内。如果残差在某些区间内的频率与上述理论频率有较大的偏差，则有理由怀疑$\hat{\varepsilon}_i$从而怀疑ε_i（$i=1$，2，…，n）的正态性假定的合理性。在实际应用中，一般取两三个具有代表性的区间即可。

② 残差图分析：凡是以残差为纵坐标，而以观测值y_i、预测值$\hat{y}_i$、自变量X_j（$j=1$，2，…，m）或序号、观测时间等为横坐标的散点图，均称为残差图。

如果线性回归模型的假定成立，$\hat{\varepsilon}_1$，$\hat{\varepsilon}_2$，…，$\hat{\varepsilon}_n$应相互独立且近似服从$N(0, \delta^2)$，那么关于预测值的残差图中三点应随机地分布在$(-2\sqrt{MSE}, +2\sqrt{MSE})$内。这样的残差图称为正常的残差图。而那些跳出区间$(-2\sqrt{MSE}, +2\sqrt{MSE})$的点是属于异常数据点（当然区间的大小根据分析的要求可以变动，如果要求87%的话，那么这个区间就是$(-1.5\sqrt{MSE}, +1.5\sqrt{MSE})$，这样对异常数据更严格，剔除的数据会更多），异常数据是指与其他数据产生的条件有明显不同的数据，因此有异常数据的残差会特别的大。一旦发现异常数据应及时剔除，用剩余数据重新建立回归方程，以提高回归方程的质量。我们有时还会发现残差数据有倾向性变化。如有时在残差图上表现为前一部分数据的残差均为正值（或负值），而后一部分数据的残差均为负值（或正值），有时残差的方差随自变量的增大而增大，不是常数，后者现象说明回归方程中应包含自变量的二次项。

总之，残差图可以为我们提供许多有用信息，而且形象直观，容易理解，所以残差分析在回归诊断中地位相当突出。

（2）共线诊断。在多元回归模型中，若自变量之间存在线性关系或近似线性关系时（即大的回归方程中间包含小的回归关系），这种问题被称为共线性（collinearity）。共线会给回归结果带来很多的麻烦，如：得到的参数估计是不稳定的，而且估计量的方差会很大；模型中增加或删除一个自变量对回归系数的估计值影响显著；回归系数的正负号与预期的相反；

检查共线性的方法很多，其中最简单的方法是计算模型中各对自变量之间的相关系数，并对各相关系数进行显著性检验。如果有一个或多个相关系数是显著非零的，就表示模型中所使用的自变量之间具有相关性，因而存在着共线问题。

如果自变量之间具有高度的共线关系，则在参数（回归系数）检验中这些变量的显著性就可能被隐藏起来，故应考虑剔除一些自变量，重新拟合回归方程。如果回归方程中必须保留所有变量，可以考虑采用岭回归、主成份回归等方法。

7. 利用回归方程进行预测。利用回归方程对因变量的取值进行预测可分为点预测和区间预测，点预测是根据回归方程代入自变量的值，得到对应因变量的预测值，而区间预测则是在点预测的基础上，返回给定显著水平下的因变量的预测区间。

（1）点预测。假设通过检验的"最优"回归方程为：

$$\hat{Y} = \hat{\beta}_0 + \hat{\beta}_1 X_1 + \hat{\beta}_2 X_2 + \cdots + \hat{\beta}_m X_m$$

当自变量的一组新观察值$x_0 = (x_{01}, x_{02}, \cdots, x_{0m})$对应的因变量的预测值为：

$$\hat{y}_0 = \hat{\beta}_0 + \hat{\beta}_1 x_{01} + \hat{\beta}_2 x_{02} + \cdots + \hat{\beta}_m X_{0m}$$

（2）区间预测。区间预测分为均值得预测区间和个体的预测区间。若将$\hat{y}_0$理解为$E(y_0)$的预测值，则在给定的显著水平α下，$E(y_0)$的置信区间为：

$$\left(\hat{y}_0 - t_{\alpha/2}(n-m-1)s\sqrt{x_0(X'X)^{-1}x_0'}, \hat{y}_0 + t_{\alpha/2}(n-m-1)s\sqrt{x_0(X'X)^{-1}x_0'}\right)$$

式中，$s = \sqrt{\sum_{i=1}^{n}(y_i - \hat{y})/(n-m-1)}$；$n$ 为观察次数；m 为自变量个数。

若将 $\hat{y}_0$ 理解为个体值 y_0 的预测值，则在给定的显著水平 α 下，y_0 的置信区间为：

$$\left(\hat{y}_0 - t_{\alpha/2}(n-m-1)s\sqrt{1 + x_0(X'X)^{-1}x_0'}, \hat{y}_0 + t_{\alpha/2}(n-m-1)s\sqrt{1 + x_0(X'X)^{-1}x_0'}\right)$$

（二）方差分析中的有关概念

方差分析（analysis of variance）是由英国统计学家 R. A. Fisher 于 1923 年提出的。其主要目的是研究某些因素对指标有无显著的影响，对有显著影响的因素，一般希望找出最好水平。所采用的方法是通过检验各种水平总体的均值是否相等，来判断研究因素是否有显著影响。由于检验各总体的均值是否相等的方法是通过计算分析观测数据的变差而实现的，所以称之为方差分析。方差分析有单因素方差分析（One-way Analysis of Variance）和双（多）因素方差分析（Two-way Analysis of Variance），前者只涉及一个分析因素，后者设计两个或两个以上的分析因素。一般来说，在实验设计时就应该考虑到方差分析的假定条件，方差分析中常用的基本假定是：

- 正态性：每个总体均服从正态分布，也就是说，对于每一个水平，其观测值是来自正态分布的简单随机样本。
- 方差齐性：各总体的方差相同。
- 独立性：从每一总体中抽取的样本是相互独立的。

1. 单因素方差分析问题与模型。单因素方差分析用来检验以某一个分类量得到的多个分类总体的均值是否相等。假设某单因素试验有 m 个处理，每个处理有 n 次重复，共有 nk 个观测值。表中用 A 表示因素，因素的 m 个水平（总体）分别用 A_1，A_2，$\cdots$，A_m 表示，每个水平对应一个总体。其中从不同水平中抽出的样本容量可以相同，也可以不同。若不同水平抽出的样本容量相同则称为均衡数据，否则称为非均衡数据，这里只讨论均衡数据。这类试验资料的数据模式如表 3-1 所示的数据结构。

表 3-1　　　　　　　　　　　　单因素方差分析的数据结构

观测值（j）	A 因素（i）			
	A_1	A_2	$\cdots$	A_m
1	x_{11}	x_{21}	$\cdots$	x_{m1}
2	x_{12}	x_{22}	$\cdots$	x_{m2}
$\cdots$	$\cdots$	$\cdots$	$\cdots$	$\cdots$
n_i	x_{1n_1}	x_{2n_2}	$\cdots$	x_{mn_m}

表 3-1 中 x_{ij} 表示第 i 个处理的第 j 个观测值（$i=1$，2，$\cdots$，m；$j=1$，2，$\cdots$，n）；$x_i = \sum_{j=1}^{n} x_{ij}$ 表示第 i 个处理 n 个观测值的和；$x.. = \sum_{i=1}^{m}\sum_{j=1}^{n} x_{ij} = \sum_{i=1}^{m} x_i$ 表示全部观测值的总和；$\bar{x}_i =$

$\sum\limits_{j=1}^{n} x_{ij}/n = x_i/n$ 表示第 i 个处理的平均数；$\bar{x} = \sum\limits_{i=1}^{m} \sum\limits_{j=1}^{n} x_{ij}/mn$ 表示全部观测值的总平均数；x_{ij} 可以分解为：

$$x_{ij} = \mu_i + \varepsilon_{ij}$$

μ_i 表示第 i 个处理观测值总体的平均数。为了看出各处理的影响大小，将 μ_i 再进行分解，令 $\mu = \dfrac{1}{m} \sum\limits_{i=1}^{m} \mu_i$，$\mu_i = \mu + v_i$，则：

$$x_{ij} = \mu + v_i + \varepsilon_{ij}$$

其中 μ 表示全试验观测值总体的平均数，α_i 是第 i 个处理的效应（treatment effects）表示处理 i 对试验结果产生的影响。显然有：

$$\sum_{i=1}^{m} v_i = 0$$

ε_{ij} 是试验误差，相互独立，且服从正态分布 $N(0, \sigma^2)$。

比较不同水平下均值是否相同的问题检验的原假设与备择假设为：

$H_0 : \mu_1 = \mu_2 = \cdots = \mu_m$，$H_1 : \mu_1, \mu_2, \cdots, \mu_m$ 不全相等；

或者表示为：

$H_0 : v_1 = v_2 = \cdots = v_m = 0$，$H_1 : v_1, v_2, \cdots, v_m$ 不全为零。

在 H_0 成立的情况下，检验用统计量：

$$F = \frac{SSM_A/(m-1)}{SSE/(n-m)} \sim F(m-1, n-m)$$

式中：

$$SSM_A = \sum_{i=1}^{m} \sum_{j=1}^{n_i} (\bar{x}_i - \bar{x})^2$$

反映了每组数据均值和总平均的误差，称为组间（变差）平方和，或称为模型（变差）平方和：

$$SSE = \sum_{i=1}^{m} \sum_{j=1}^{n_i} (\bar{x}_{ij} - \bar{x}_i)^2$$

反映了组内数据和组内平均的随机误差，称为组内（变差）平方和或称为误差平方和。另外

$$SST = \sum_{i=1}^{m} \sum_{j=1}^{n_i} (\bar{x}_{ij} - \bar{x})^2$$

称为全部（变差）平方和。可以证明 $SST = SSM_A + SSE$。

当原假设成立时，各总体均值相等，各样本均值间的差异应该较小，因素 A 平方和也应该较小，F 统计量取大值应该是概率较小的事件。所以对给定显著性水平 $\alpha \in (0, 1)$，若 $p = P\{F \geqslant F_0\} < \alpha$，则拒绝原假设 H_0（F_0 为 F 统计量的观测值），可以认为所考虑的因素对响应变量有显著影响；否则不能拒绝 H_0，认为所考虑的因素对响应变量无显著影响。

通常将上述计算结果表示为表3-2所示的方差分析表。其中：

$$MS_A = SSM_A/(m-1), \quad MSE = SSE/(n-m)$$

利用方差分析表3-2中的信息，就可以对因素各水平间的差异是否显著作出判断。

表3-2 单因素方差分析

来源 （Source）	自由度 （DF）	平方和 （Sun of Square）	平均平方和 （Mean Square）	F统计量 （F value）	P值 $P_r > F$
组间	$m-1$	SSM_A	$SSM_A/(m-1)$	MS_A/MSE	p
组内	$n-m$	SSE	$SSE/(n-m)$		
全部	$n-1$	$SSM_A + SSE$			

2. 双因素方差分析问题与模型。双因素试验资料的方差分析是指对试验指标同时受到两个试验因素作用的试验资料的方差分析。在上面的单因素方差分析中，研究的是数据的均值受一个因素不同水平的影响。但在一些实际问题中，影响总体均值的因素不止一个，这些因素间可能还存在交互作用，这就要考虑两个或多个因素的问题。为简单起见，仅考虑两个因素的情况。

（1）无交互作用的双因素方差分析。对于 A、B 两个试验因素的全部 lm 个水平组合，每个水平组合只有一个观测值，全试验共有 lm 个观测值，其数据模式如表3-3所示。

表3-3 双因素方差分析的数据结构

观测值		A因素（i）				平均值
		A_1	A_2	$\cdots$	A_l	
B因素（j）	B_1	$x_{111}, \cdots, x_{11n}$	$x_{211}, \cdots, x_{21n}$	$\cdots$	$x_{l11}, \cdots, x_{l1n}$	$\overline{x}_1$
	B_2	$x_{121}, \cdots, x_{12n}$	$x_{221}, \cdots, x_{22n}$	$\cdots$	$x_{l21}, \cdots, x_{l2n}$	$\overline{x}_2$
	$\cdots$	$\cdots$	$\cdots$	$\cdots$	$\cdots$	$\cdots$
	B_m	$x_{1m1}, \cdots, x_{1mn}$	$x_{2m1}, \cdots, x_{2mn}$	$\cdots$	$x_{lm1}, \cdots, x_{lmn}$	$\overline{x}_m$
平均值		$\overline{x}_1$	$\overline{x}_2$	$\cdots$	$\overline{x}_l$	$\overline{x}$

若第一个因素 A 有 l 个水平，第二个因素 B 有 m 个水平。在因素 A 的第 i 个水平和因素 B 的第 j 个水平下进行了多次观测，记为 $\{x_{ijk}, 1 \leqslant k \leqslant n\}$。

对 x_{ijk} 考虑以下模型：

$$x_{ijk} = \mu + \alpha_i + \tau_j + \varepsilon_{ijk}, \quad 1 \leqslant i \leqslant l, \ 1 \leqslant j \leqslant m, \ 1 \leqslant k \leqslant n$$

式中，μ 表示平均的效应；α_i 和 τ_j 分别表示因素 A 的第 i 个水平和因素 B 的第 j 个水平的附加效应；ε_{ijk} 为随机误差，同样这里的随机误差也假定是独立的且服从等方差的正态分布。

确定因素 A 有无显著影响的原假设和备择假设如下：

$H_{0A}: \alpha_1 = \alpha_2 = \cdots = \alpha_l$，$H_{1A}: \alpha_1$，$\alpha_2$，$\cdots$，$\alpha_l$ 不全相等；

确定因素 B 有无显著影响的原假设和备择假设如下：

$H_{0B}: \tau_1 = \tau_2 = \cdots = \tau_m$，$H_{1B}: \tau_1$，$\tau_2$，$\cdots$，$\tau_m$ 不全相等。

而模型无显著效果是指以上两个假设的原假设同时成立。在 H_{0A}、H_{0B} 成立时，检验用统计量：

$$F_A = \frac{SSM_A/(l-1)}{SSE/(lmn-l-m+1)} \overset{H_{0A}\text{真}}{\sim} F(l-1, (lmn-l-m+1))$$

$$F_B = \frac{SSM_B/(m-1)}{SSE/(lmn-l-m+1)} \overset{H_{0B}\text{真}}{\sim} F(m-1, (lmn-l-m+1))$$

对于给定的显著性水平 α：

当 $p = P\{F_A > F_{A0}\} < \alpha$ 时拒绝 H_{0A}，反之不能拒绝；

当 $p = P\{F_B > F_{B0}\} < \alpha$ 时拒绝 H_{0B}，反之不能拒绝；

其中，F_{A0} 为 F_A 统计量的观测值；F_{B0} 为 F_B 统计量的观测值。

（2）有交互作用的多因素方差分析。对于有交互作用的观测值，采用以下的模型：

$$x_{ijk} = \mu + \alpha_i + \tau_j + \gamma_{ij} + \varepsilon_{ijk}, \quad 1 \leq i \leq l, \ 1 \leq j \leq m, \ 1 \leq k \leq n$$

其中，μ 表示平均的效应；α_i 和 τ_j 分别表示因素 A 的第 i 个水平和因素 B 的第 j 个水平的效应；γ_{ij} 表示因素 A 的第 i 个水平和因素 B 的第 j 个水平的交互效应；ε_{ijk} 为随机误差项，这里也假定是独立的并且服从等方差的正态分布。注意，其中 n 必须大于 1，否则检验中得不到结果，即为了检验交互作用，必须有重复观测。

要说明交互作用有无显著影响，就是要检验如下假设：

$$H_{0(A*B)}: \gamma_{ij} = 0, \quad H_{l(A*B)}: \gamma_{ij} \text{不全为零}$$

其中 $1 \leq i \leq l$，$1 \leq j \leq m$，所以在多因素方差分析中，须在无交互作用所作检验的基础上，加上交互作用的检验。构造 H_{0A}，H_{0B}，$H_{0(A*B)}$ 的检验统计量分别为：

$$F_A = \frac{SSM_A/(l-1)}{SSE/lm(n-l)} \overset{H_{0A}\text{真}}{\sim} F(l-1, lm(n-l))$$

$$F_B = \frac{SSM_B/(m-1)}{SSE/lm(n-l)} \overset{H_{0B}\text{真}}{\sim} F(m-1, lm(n-l))$$

$$F_{(A*B)} = \frac{SSM_{A*B}/(l-1)(m-1)}{SSE/lm(n-l)} \overset{H_{0A*B}\text{真}}{\sim} F((l-1)(m-1), lm(n-l))$$

对于给定的显著性水平 α：

当 $p = P\{F_A > F_{A0}\} < \alpha$ 时拒绝 H_{0A}，反之不能拒绝 H_{0A}；

当 $p = P\{F_B > F_{B0}\} < \alpha$ 时拒绝 H_{0B}，反之不能拒绝 H_{0B}；

当 $p = P\{F_{(A*B)} \geq F_{(A*B)0}\} < \alpha$ 时拒绝 $H_{0(A*B)}$，反之不能拒绝 $H_{0(A*B)}$。

无交互作用的双因素方差分析表见表 3-4。

来源 (Source)	自由度 (DF)	平方和 (Sun of Square)	均值平方和 (Mean Square)	F 统计量 (F value)	P 值 $P_r > F$
因素 A	$l-1$	SSM_A	$SSM_A/(l-1)$	MS_A/MSE	$P(A)$
因素 B	$m-1$	SSM_B	$SSM_B/(m-1)$	MS_B/MSE	$P(B)$
误差平方	$Lmn-1-m+1$	SSE	$SSE/(lmn-l-m+1)$		
总体	$Lmn-1$	$SSM_A + SSM_B + SSM_{(A*B)} + SSE$			

表 3 – 4 　　　　　　　　　　无交互作用的双因素方差分析

其中，$MS_A = SSM_A/(l-1)$，$MS_B = SSM_B/(m-1)$，$MSE = SSE/(lmn-l-m+1)$利用方差分析表中的信息，就可以对每个因素各水平间的差异是否显著作出判断。

有交互作用的双因素方差分析表见表 3 – 5。

表 3 – 5 　　　　　　　　　　有交互作用的双因素方差分析

来源 (Source)	自由度 (DF)	平方和 (Sun of Square)	均值平方和 (Mean Square)	F 统计量 (F value)	P 值 ($P_r > F$)
因素 A	$l-1$	SSM_A	$SSM_A/(l-1)$	MS_A/MSE	$P(A)$
因素 B	$m-1$	SSM_B	$SSM_B/(m-1)$	MS_B/MSE	$P(B)$
因素 $A*B$	$(l-1)(m-1)$	$SSM_{(A*B)}$	$SSM_{(A*B)}/(l-1)(m-1)$	$MS_{(A*B)}/MSE$	$P(A*B)$
误差平方	$lmn-l-m+1$	SSE	$SSE/(lmn-l-m+1)$		
总体	$lmn-1$	$SSM_A + SSM_B + SSE$			

其中，$MS_A = SSM_A/(l-1)$，$MS_B = SSM_B/(m-1)$，$MSE = SSE/(lmn-l-m+1)$，$S_{(A*B)} = SSM_{(A*B)}/(l-1)(m-1)$。利用方差分析表中的信息，就可以对每个因素各水平间的差异是否显著作出判断。

二、实验软件平台

（一）使用 REG 过程作回归分析

SAS/STAT 中提供了几个回归分析的相关过程，包括 Reg（回归）、Corr（变量之间的相关系数）、Rereg（二次响应面回归）、Orthoreg（病态数据回归）、Nlin（非线性回归）、Transrneg（变换回归）、Calis（线性结构方程和路径分析）、Glm（一般线性模型）、Genmod（广义线性模型）等。这里只介绍 Corr 过程、Reg 过程和 Nlin（非线性回归）。

1. REG 过程的语法格式。作为回归分析的通用过程 Reg 过程的一般语法格式：

proc reg data = <输入数据集> ［<选项列表>］;

var <变量列表>;

model <因变量> = <自变量>/<选项>;

add <变量列表>; /* 该语句用于对 model 增加新变量，并重新拟合* /

delete <变量列表>; /* 该语句用于对 model 删除新变量，并重新拟合* /

print <选项列表>;

output out = <输入出数据集> keyword = name;

plot <y 变量名* x 变量名> ［= <符号>］[/<选项列表>];

test equation/* 该语句用于对 model 语句出现的参数进行假设检验* /

run;

说明：Proc Reg 语句标志 Reg 过程的开始，其后的选项条目较多，功能复杂，但很多选项的命令和前面介绍的一些过程相通之处，读者可以参照前面的命令格式大胆尝试。在这里的选择一些功能将会影响到此过程中的所有 Model 语句的命令进行介绍。

Model 语句用以指定所要拟合的回归模型，其中等式左边为因变量，右边为自变量。可以出现在 Model 语句中的选项较多，常用的主要有以下三类：

（1）模型选择选项。

Selection = name：规定自变量的选择方法，常用的选择方法有 None（全用，这是默认）、Forward（向前逐步引入法）、Backward（向后逐步剔除法）、Stepwise（逐步筛选法）、Maxr（最大 R^2 增量法）、Minr（最小 R^2 增量法）、Rsquare（R^2 选择法）、Adjrsq（修正 R^2 选择法）、CP（Mallows 的 CP 统计量法）。

Noint：取消回归模型中的常数项，即拟合一个过原点的回归模型。

（2）关于估计细则选项。

Collin：给出自变量间多重共线的诊断统计量，当方程中不包括截距时，使用 Collinoint。这里的命令还有 Covb、Stb 和 Tol。

（3）关于预测值与残差值的选项。

Cli：输出每个个别值的 $(1 - \alpha) \times 100\%$ 的置信上限和置信下限。

DW：计算 Durbin—Watson 统计量，仅对时间序列资料有效。

p：因变量的预测值。

r：进行残差分析。

Output 语句主要用于创建并输出一个新的 SAS 数据集，包括由 keyword = name 命名的统计量。

REG 过程是交互式过程，在使用 RUN 语句提交了若干个过程步语句后，可以继续写其他的 REG 过程步语句，并提交运行，直到提交 QUIT 语句或者开始其他过程步或者数据步才终止。

2. CORR 过程。Corr 过程主要用于计算变量间的相关系数，做相关分析。其一般的语法格式如下：

proc reg data = <输入数据集> ［<选项列表>］; / *该语句中的选项列表可以创建输出数据集如：outs = SAS – data – set * /

var <变量列表>;

with <变量列表>;

partial <变量列表>; /* 该语句中计算偏相关等统计量* /

run;

该过程语句较简单，但是使用非常方便，一般在回归分析过程 REG 过程之前使用。

3. 预测。Reg 过程给出的默认结果比较少。用 Print 语句和 Plot 语句可以显示额外的结果，为了显示模型的预测值（拟合值）和预测值的 95% 置信区间，使用语句：

print cli;

run;

观测序号（Obs）、因变量的值（Dep Var）、预测值（Predicted Value）、预测值的期望值的标准误差（Std Error Mean Predict），预测值的 95% 置信区间（95% CL Predict），残差（Residual，为因变量值减预测值）。在表后又给出了残差的总和（Sum of Residuals），残差的平方和（Sum of Squard Residuals），预测残差的平方和（Predicted Resid SS（Press））。所谓预测残差，是指在计算第 i 号观测的残差时，从实际值中减去用扣除第 i 号观测后的样本得到的模型产生的预报值。

（二）用过程进行单因素方差分析

1. Anova 过程和 Glm 过程的简介。Anova 过程和 Glm 过程的主要功能都是进行方差分析。

对于单因素方差分析来说，Anova 过程既可以用于对均衡数据（各分组因素各水平的所有组合具有相同的样本量或观察值）的分析，也可用于对非均衡数据的分析，但多因素方差分析中非均衡数据不能使用 Anova 过程，只能使用 Glm 过程。Anova 过程比 Glm 过程的运行速度要快，要求的存储空间也要小一些。

Glm 过程执行以最小二乘法进行模型拟合的功能。此过程可以实现的统计学方法有回归分析，方差分析，协方差分析，多元方差分析以及偏相关分析。

Anova 过程。Anova 过程的一般格式包含许多选项，其中最为常用的为如下格式：

proc anova data = ＜数据集＞；

class ＜自变量列表＞；

model＜因变量名＞ = ＜自变量表达式＞ ［/＜选项列表＞］；

means ＜自变量表达式＞ ［/选项＞］；

run;

其中 Class 语句用来指定样本分组的分类变量，Class 语句是必须的，而且必须位于 Model 语句之前。

Model 语句给出模型表达式，可以用来表示三种不同的效应模型：

主效应模型：y = a b c；

交互效应模型：y = a b c a * b a * c b * c a * b * c；

嵌套效应模型：y = a b c（a b）.

同一 Model 语句中三种效应可以混合使用。

Means 语句指定 Anova 过程计算自变量各水平下因变量的均值、标准差，并进行组间的多重比较。

2. Glm 过程。Glm 过程对数据的分析处理均在一般线性模型的框架下进行，因变量可以是一个或者多个连续型变量，自变量可为连续型也可以为离散型。Glm 过程的一般格式也包含许多选项，其中最为常用的为如下格式：

proc glm data = <数据集> [alpha = <p>];

class <自变量列表>;

model <自变量名> = <自变量表达式> [/<选项列表>];

means <自变量表达式> [/<选项>];

run;

一般地，Anova 过程中涉及的所有语句都包含在 Glm 过程所涉及的语句中，其用法和功能也都是基本相同的。

三、具体实验要求

1. 实验目的：掌握单因素，两因素及正交实验的方差分析方法。利用 REG 过程进行多元线性回归（包括参数估计，回归方程的假设检验，自变量的选择，多重共线性的识别及处理，回归诊断）。

2. 实验要求及学时：实验形式（个人）；实验学时数 4。

3. 实验环境及材料：（使用的软件系统、实验设备、主要仪器、材料等）。装有版本为 8.1 以上的 SAS 系统的个人电脑（每人 1 台）。

4. 实验内容。单因素，两因素及正交实验的方差分析方法。用 REG 过程进行多元线性回归（包括参数估计，回归方程的假设检验，自变量的选择，多重共线性的识别及处理，回归诊断）。

5. 实验方法和操作步骤。

（1）导入回归分析的数据。

data lwh;

input gdp sr@@;

cards;

5294.7 1212.33 5934.5 1366.95 7171 1642.86 8964.4 2004.82 10202.2 2122.01 11962.5 2199.35 14928.3 2357.24 16909.2 2664.9 18547.9 2937.1 21617.8 3149.48 26638.1 3483.37 34634.4 4348.95 46759.4 5218.1 58478.1 6242.2 67884.6 7407.99 74462.6 8651.14 78345.2 9875.95 82067.46 11444.08 89442.2 13395.23 95933.3 16386.04;

run;

（2）作散点图、直观认识 gdp * sr 的回归关系。

proc gplot data = lwh;

plot gdp* sr;

symbol i = join v = dot color = red;

run;

结果如图 3 – 1。

（3）整理数据（整理出非线性回归需要的指数函数、多项式函数、对数函数、幂函数以及反函数等）。

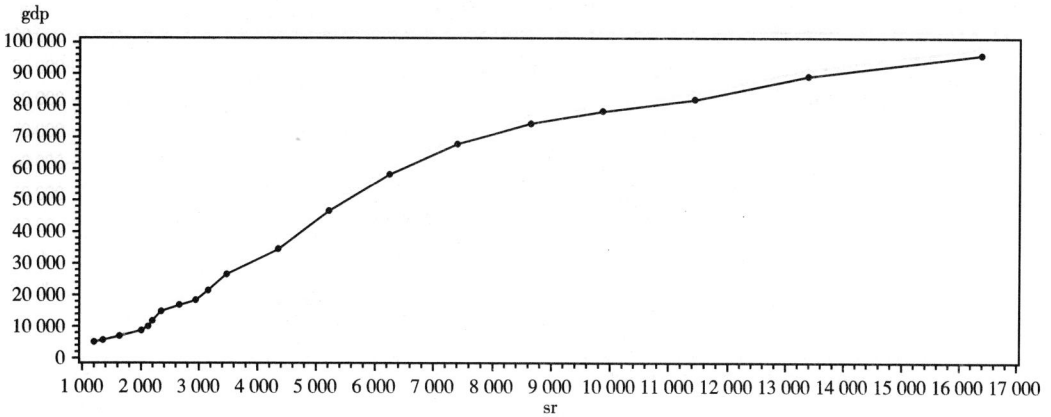

图 3 – 1 gdp 与 sr 的散点图

```
data zs;
set lwh;
a = 1/gdp; b = 1/sr; c = log (gdp); d = log (sr); e = exp ( - sr); f = sr * * 2;
g = sr * * 3; h = sr * * 4;
i = sr * * 5; j = sr * * 6;
run;
```

（4）相关分析（对上面计算出来的所有的函数）。

```
proc corr data = zs;
var gdp sr f g h i j;
run;
```

这一步的结果在表 3 – 6，分析如下：从表 3 – 6 中相关分析的结果可以看出，这些函数之间的相关性是相当显著的，可以做回归分析。

（5）回归分析。

```
proc reg data = zs;
model gdp = sr f g h i j;
run;
proc reg data = zs;
model gdp = i j/noint;
run;
proc reg data = zs;
model gdp = sr;
model gdp = sr /noint;
model a = b /noint;
model a = b;
model c = d;
model c = sr;
```

表 3 - 6　　　　　　　　　　　　　　　　相关分析的结果

```
                              The CORR Procedure

       7 Variables:    gdp    sr    f    g    h    i    j

                            Simple Statistics

     Variable    N        Mean      Std Dev        Sum       Minimum      Maximum

     gdp        20       38809       31941       776178         5295        95933
     sr         20        5406        4411       108110         1212        16386
     f          20    47699898    71507668    953997958      1469744    268502307
     g          20   5.47736E11  1.09983E12   1.09547E13   1781814779   4.39969E12
     h          20   7.13296E15  1.72362E16   1.42659E17   2.16015E12   7.20935E16
     i          20   9.84953E19  2.74711E20   1.98991E21   2.61881E15   1.18133E21
     j          20   1.44917E24  4.42594E24   2.89833E25   3.17486E18   1.93573E25


                  Pearson Correlation Coefficients, N = 20
                       Prob > |r| under H0: Rho=0

              gdp          sr          f          g          h          i          j

    gdp    1.00000     0.96460    0.87005    0.76865    0.68633    0.62434    0.57823
                        <.0001     <.0001     <.0001     0.0008     0.0033     0.0076

    sr     0.96460     1.0000     0.96754    0.90535    0.84378    0.79175    0.74992
           <.0001                 <.0001     <.0001     <.0001     <.0001     0.0001

    f      0.87005     0.96754    1.00000    0.98199    0.94708    0.91067    0.87801
           <.0001      <.0001                <.0001     <.0001     <.0001     <.0001

    g      0.76865     0.90535    0.98199    1.00000    0.99026    0.97068    0.94924
           <.0001      <.0001     <.0001                <.0001     <.0001     <.0001

    h      0.68633     0.84378    0.94708    0.99026    1.00000    0.99455    0.98321
           0.0008      <.0001     <.0001     <.0001                <.0001     <.0001

    i      0.62434     0.79175    0.91067    0.97068    0.99455    1.00000    0.99682
           0.0033      <.0001     <.0001     <.0001     <.0001                <.0001

    j      0.57823     0.74992    0.87801    0.94924    0.98321    0.99682    1.00000
           0.0076      0.0001     <.0001     <.0001     <.0001     <.0001
```

model c = b;

model gdp = d;

model gdp = g h i j/noint;

run;

这一步的结果在表 3 - 7，分析如下：表 3 - 7 是挑选了程序中 model gdp = sr f g h i j 这个方程的回归分析结果，从这个结果可以看出，这个回归方程的拟合效果是非常不错的，但是单个变量有些是不显著的。

分析：

（6）导入方差分析的数据。

data lwh;

input painlevel $1. 0 codeine 1. 0 acupuncture 1. 0 relief 2. 1@ @ ;

datalines；

a1100a2105a1206a2212b1103b2106b1207b2213c1104c2108c1208c2216d1104d2107d1209
d2215e1106e2110e1215e2219f1109f2114f1216f2223g1110g2118g1217g2221h1112h2117h1216h2224

；

run；

（7）单因素方差分析。

proc anova；

```
                               The SAS System          21:01 Sunday, December 19,

                               The REG Procedure
                                Model: MODEL1
                             Dependent Variable: gdp
                             Analysis of Variance

                                     Sum of         Mean
       Source            DF         Squares        Square    F Value    Pr > F

       Model              6      19374077211    3229012869    4167.95    <.0001
       Error             13         10071428        774725
       Corrected Total   19      19384148639


                 Root MSE            880.18477    R-Square    0.9995
                 Dependent Mean          38809    Adj R-Sq    0.9992
                 Coeff Var             2.26800


                           Parameter Estimates

                        Parameter      Standard
       Variable    DF    Estimate        Error     t Value    Pr > |t|

       Intercept    1   2545.39250    4734.90172      0.54      0.5999
       sr           1     -0.82941       6.19041     -0.13      0.8955
       f            1      0.00223       0.00290      0.77      0.4551
       g            1   1.704209E-7   6.277929E-7     0.27      0.7903
       h            1  -7.6868E-11    6.8002E-11     -1.13      0.2787
       i            1   6.09415E-15   3.56478E-15     1.71      0.1111
       j            1  -1.4978E-19   7.17971E-20    -2.09      0.0572
```

```
class painlevel;
model relief = painlevel;
means painlevel;
means painlevel/t;
run;
```

结果见表 3 - 8，单因素方差分析中因素排名见表 3 - 9。

表 3 - 8   单因素方差分析的结果

```
                               The SAS System          21:01 Sunday, December 19, 2009

                               The ANOVA Procedure

       Dependent Variable: relief

                                     Sum of
       Source            DF         Squares    Mean Square    F Value    Pr > F

       Model              7       5.59875000     0.79982143      3.18     0.0159

       Error             24       6.04000000     0.25166667

       Corrected Total   31      11.63875000


            R-Square     Coeff Var     Root MSE     relief Mean

            0.481044      43.38715     0.501664       1.156250


       Source            DF       Anova SS    Mean Square    F Value    Pr > F

       painlevel          7     5.59875000     0.79982143      3.18     0.0159
```

分析：表 3 - 8 中的 p-value 等于 0.0159，从检验的数量结果显示因素 painlevel 对 relief 是有显著性的影响的。而表 3 - 10 告诉我们这种影响分为三种不同的水平。

表 3 - 9   单因素方差分析中因素排名

```
                    The SAS System       21:01 Sunday, December 19, 2009  15

                    The ANOVA Procedure

         Level of          -----------relief-----------
         painlevel    N       Mean            Std Dev

         a            4    0.57500000        0.49244289
         b            4    0.72500000        0.41932485
         c            4    0.90000000        0.50332230
         d            4    0.87500000        0.46457866
         e            4    1.25000000        0.56862407
         f            4    1.55000000        0.58022984
         g            4    1.65000000        0.46547467
         h            4    1.72500000        0.49916597
```

表 3 - 10   单因素方差分析中因素分类

```
          Means with the same letter are not significantly different.


              t Grouping          Mean        N    painlevel

                       A         1.7250        4    h
                       A
                       A         1.6500        4    g
                       A
                  B    A         1.5500        4    f
                  B    A
                  B    A  C      1.2500        4    e
                  B       C
                  B       C      0.9000        4    c
                  B       C
                  B       C      0.8750        4    d
                          C
                          C      0.7250        4    b
                          C
                          C      0.5750        4    a
```

（8）双因素的交互作用检验。

proc anova data = lwh;

class painlevel codeine acupuncture;

model relief = painlevel codeine｜acupuncture;

run;

模型中"｜"这个符号的意义是：A｜B = A B A * B，而 A * B 代表的是因素 A 和因素 B 的交互作用。

这一步的结果见表 3 - 11，结果分析：表 3 - 11 中的 codeine * acupuncture 的 p-value 等于 0.0923，从检验的数量结果显示它们的交互作用是不显著性的。所以接下来要做不带交互作用的双因素方差分析。

（9）无交互作用的双因素方差分析。

proc anova data = lwh;

class painlevel codeine acupuncture;

model relief = painlevel codeine acupuncture;

means painlevel codeine acupuncture;

run;

表 3 −11　　　　　　　　带交互作用的双因素方差分析

```
                                    The SAS System        21:01 Sunday, December 19, 2009

                            The ANOVA Procedure

t Variable: relief

Source                      DF        Sum of        Mean Square    F Value    Pr > F
                                      Squares
Model                       10        11.33500000   1.13350000     78.37      <.0001

Error                       21        0.30375000    0.01446429

Corrected Total             31        11.63875000


                  R-Square      Coeff Var      Root MSE      relief Mean
                  0.973902      10.40152       0.120268      1.156250


Source                      DF        Anova SS      Mean Square    F Value    Pr > F
painlevel                   7         5.59875000    0.79982143     55.30      <.0001
codeine                     1         2.31125000    2.31125000     159.79     <.0001
acupuncture                 1         3.38000000    3.38000000     233.68     <.0001
codeine*acupuncture         1         0.04500000    0.04500000     3.11       0.0923
```

6. 实验报告要求。

（1）实验报告要以事实为依据，推理要合乎逻辑，不可无根据地臆断。

（2）在写作实验报告时，要按照一定的格式，不能忽视最基本的规范要求。要根据事物的结构特点和逻辑顺序，来考虑表达形式和表述方法。

（3）实验报告的表述应具有可读性。语言阐述必须精确、通俗，在不损害规范性的前提下，尽可能使用简洁的语言。

7. 练习实验。

（1）为了检验 X 射线的杀菌作用，用 200kV 的 X 射线照射杀菌，每次照射 6min，照射次数为 x，照射后所剩细菌数为 y，表 3 −12 是一组实验结果。

表 3 −12　　　　　　　　　　　　实验结果

x	y	x	y	x	y
1	783	8	154	15	28
2	621	9	129	16	20
3	433	10	103	17	16
4	431	11	72	18	12
5	287	12	50	19	9
6	251	13	43	20	7
7	175	14	31		

根据经验知道 y 关于 x 的曲线回归方程形如：

$$\hat{y} = \alpha e^{\beta x}$$

试给出具体的回归方程，并求其对应的决定系数 R^2 和均方误差 MSE

（2）中国从1982～2001年间的20年的财政收入（y）和国内生产总值（x）如表3-13所示，试分别采用指数回归、对数回归、幂函数回归和多项式回归四种非线性回归方法，给出回归方程，并根据可绝系数选择最佳回归方程。

表3-13　　　　　　　　　　1982～2001年的国内生产总值和财政收入　　　　　　　　单位：亿元

年份	国内生产总值	财政收入	年份	国内生产总值	财政收入
1982	5294.7	1212.33	1992	26638.1	3483.37
1983	5934.5	1366.95	1993	34634.4	4348.95
1984	7171	1642.86	1994	46759.4	5218.1
1985	8964.4	2004.82	1995	58478.1	6242.2
1986	10202.2	2122.01	1996	67884.6	7407.99
1987	11962.5	2199.35	1997	74462.6	8651.14
1988	14928.3	2357.24	1998	78345.2	9875.95
1989	16909.2	2664.9	1999	82067.46	11444.08
1990	18547.9	2937.1	2000	89442.2	13395.23
1991	21617.8	3149.48	2001	95933.3	16386.04

（3）某房地产开发商为了研究购房者的背景特征与购房者对房价的看法之间的关系，专门设计了调查问卷，获得了购房者的一些基本资料以及他们对房价价格的看法，其中一项要求受访者为房价的高低打分，从1分到100分，如果觉得价格高则打分也高，不同学历的购房者对房价的打分情况见表3-14，请用单因子方差分析检验不同学历的购房者是否对房价有一致看法。

表3-14　　　　　　　　　　不同学历购房者对房价的打分

初中	高中	大专	本科
1	4	57	51
6	34	75	65
51	17	73	99
60	10	35	40
21	3	68	24
48	22	48	20

（4）某家上市公司有若干下属子公司，公司主要经营三种业务。公司总裁为了解下属公司的经营状况，从下属公司中随机抽出了4家公司，并调查了每家公司在这三种业务上的连续两个季度的利润率，调查结果见表3-15。用双因子方差分析分析数据，并回答以下问题：

① 各子公司的利润率是否有显著的差异？

② 各主营业务的利润率是否有显著的差异？

③ 不同子公司在各主营业务上的利润率是否有所差别？

表 3-15		四家子公司的主营业务利润率			单位：%
主　营	季度	公司一	公司二	公司三	公司四
主营业务一	季度一	10.35	-2.89	5.04	5.29
	季度二	4.47	0.30	2.61	-3.44
主营业务二	季度一	11.25	4.85	1.82	9.76
	季度二	7.92	5.12	0.56	1.93
主营业务三	季度一	-6.55	-9.67	-9.67	-2.81
	季度二	-4.32	-3.48	-12.43	-4.08

聚类分析与判别分析
（设计性实验）

一、实验原理

聚类分析（Cluster Analysis）和判别分析（Discriminant Analysis）是给研究对象分类的两类不同的方法，它们的原理有相似之处。判别分析是已知研究对象分成若干类，并已取得一批已知类别的样品（观测数据），以此为依据建立分类准则从而对未知类型的样品进行判别分类。而聚类分析则是有了一批样品，不知道它们的分类，甚至连分成几类都不知道，希望用某种方法把样品进行合理的分类，使得同一类的样品比较接近，相差较大的样品分为不同类。

（一）聚类分析

聚类分析又称群分析，它是研究（样品或指标）分类问题的一种多元统计方法。所谓类，通俗地说，就是指相似元素的集合。为了将样品（或指标）进行分类，就需要研究样品之间关系。目前用得最多的方法有两个：一种方法是用相似系数，性质越接近的样品，它们的相似系数的绝对值越接近 1；而彼此无关的样品，它们的相似系数的绝对值越接近于零。另一种方法是将一个样品看作 P 维空间的一个点，并在空间定义距离，距离越近的点归为一类；距离较远的点归为不同的类。

1. 聚类分析的基本概念。

（1）两种聚类分析。设有 n 个样品，每个样品测得 P 项指标（变量），原始资料阵为：

$$X = \begin{array}{c} \\ X_1 \\ X_2 \\ \vdots \\ X_n \end{array} \begin{array}{cccc} x_1 & x_2 & \cdots & x_p \\ \left[\begin{array}{cccc} x_{11} & x_{12} & \cdots & x_{1p} \\ x_{21} & x_{22} & \cdots & x_{2p} \\ \vdots & \vdots & & \vdots \\ x_{n1} & x_{n2} & \cdots & x_{np} \end{array} \right] \end{array}$$

其中 x_{ij}（$i=1,\cdots,n$；$j=1,\cdots,p$）为第 i 个样品的第 j 个指标的观测数据。第 i 个样品 X_i 为矩阵 X 的第 i 行所描述，所以任何两个样品 X_K 与 X_L 之间的相似性，可以通过矩阵 X 中的第 K 行与第 L 行的相似程度来刻画，这样根据样本（观测值）进行的分类处理叫样品聚类，又称为 Q 型分类。任何两个变量 x_K 与 x_L 之间的相似性，可以通过第 K 列与第 L 列的相似程度来刻画。这样对变量（指标）进行的分类处理，叫样品聚类变量聚类，又称为 R 型分类。所以根据分类对象的不同，聚类分析分为两种，两种聚类在形式上是对称的，处理方法也是相似的。

（2）聚类分析的方法。聚类的思路方法大致可归纳如下：

① 系统聚类法（谱系聚类）。先将 l 个元素（样品和变量）看成 l 类，然后将性质最接近（或相似程度最大）的两类合并为一个新类，这样得到 $l-1$ 类，再从中找出最接近的两类加以合并就变成了 $l-2$ 类，依此类推下去，直到最后所有的元素全聚在一类之中。

② 分解法（最优分割法）。其程序与系统聚类相反。首先将所有的元素归在一类，然后按照某种最优准则将它分成两类，三类，依此类推，一直分裂到所需的 k 类为止。

③ 动态聚类法（逐步聚类法）。开始将 l 个元素粗糙地分成若干类，然后用某种最优准则进行调整，一次又一次地调整，直至不能再调整为止。

此外还有：有序样品的聚类、有重叠聚类、模糊聚类、图论聚类等方法。本实验介绍样品聚类和变量聚类及其 SAS 实现，其中聚类的方法主要介绍应用最广泛的系统聚类法。

（3）聚类统计量。聚类分析实质上是寻找一种能客观反映元素之间亲疏关系的统计量，然后根据这种统计量把元素分成若干类。常用的聚类统计量有距离系数和相似系数两类。距离系数一般用于对样品分类，而相似系数一般用于对变量聚类。

① 距离的定义很多，如马氏距离、明考斯基距离、兰氏距离等。如果把 n 个样品（X 中的 n 个行）看成 P 维空间中 n 个点，则两个样品间相似程度可用 P 维空间中两点的距离来度量。令 d_{ij} 表示样品 X_i 与 X_j 的距离。这里详细介绍一下常用的距离明氏距离和马氏距离：

1）明氏（Minkowski）距离。

$$d_{ij}(q) = \left(\sum_{a=1}^{p} |x_{ia} - x_{ja}|^q \right)^{1/q}$$

当 $q=1$ 时：

$$d_{ij}(1) = \sum_{a=1}^{p} |x_{ia} - x_{ja}|,\text{ 即绝对距离。}$$

当 $q=2$ 时：

$$d_{ij}(2) = \left(\sum_{a=1}^{p} (x_{ia} - x_{ja})^2 \right)^{1/2},\text{ 即欧氏距离。}$$

当 $q=\infty$ 时：

$$d_{ij}(\infty) = \max_{1 \le a \le p} |x_{ia} - x_{ja}|,\text{ 即切比雪夫距离。}$$

当各变量的测量值相差悬殊时，要用明氏距离并不合理，常需要先对数据标准化，然后用标准化后的数据计算距离。

2）马氏（Mahalanobis）距离。马氏距离是由印度统计学家马哈拉诺比斯于 1936 年引入的，故称为马氏距离。这一距离在多元统计分析中起着十分重要的作用，下面给出定义。

设 $\sum$ 表示指标的协差阵即：

$$\sum = (\sigma_{ij})_{p \times p}$$

其中 $\sigma_{ij} = \dfrac{1}{n-1} \sum\limits_{a=1}^{n} (x_{ai} - \bar{x}_i)(x_{aj} - \bar{x}_j) \quad i,j = 1, \cdots, p$。

$$\bar{x}_i = \frac{1}{n} \sum_{a=1}^{n} x_{ai} \qquad \bar{x}_j = \frac{1}{n} \sum_{a=1}^{n} x_{aj}$$

如果 $\sum^{-1}$ 存在，则两个样品之间的马氏距离为：

$$d_{ij}^2(M) = (X_i - X_j)' \sum^{-1} (X_i - X_j)$$

这里 X_i 为样品 X_i 的 p 个指标组成的向量，即原始资料阵的第 i 行向量，样品 X_j 类似。顺便给出样品 X 到总体 G 的马氏距离定义为：

$$d^2(X, G) = (X - \mu)' \sum^{-1} (X - \mu)$$

其中 μ 为总体的均值向量，$\sum$ 为协方差阵。马氏距离既排除了各指标之间相关性的干扰，而且还不受各指标量纲的影响。除此之外，它还有一些优点，如可以证明，将原数据作一线性交换后，马氏距离仍不变等。

② 常用的相似系数有相关系数、夹角余弦、列联系数等。

1）夹角余弦。

$$\cos\theta_{ij} = \frac{\sum\limits_{a=1}^{n} x_{ai} x_{aj}}{\sqrt{\sum\limits_{a=1}^{n} x_{ai}^2 \cdot \sum\limits_{a=1}^{n} x_{aj}^2}} \qquad -1 \leqslant \cos\theta_{ij} \leqslant 1$$

把两两列间夹角余弦算出后，排成矩阵：

$$ⓗ = \begin{bmatrix} \cos\theta_{11} & \cos\theta_{12} & \cdots & \cos\theta_{1p} \\ \cos\theta_{21} & \cos\theta_{22} & \cdots & \cos_{2p} \\ \vdots & \vdots & & \vdots \\ \cos\theta_{p1} & \cos\theta_{p2} & \cdots & \cos\theta_{pp} \end{bmatrix}$$

其中 $\cos\theta_{11} = \cos\theta_{22} = \cdots = \cos\theta_{pp} = 1$，根据ⓗ对 p 个变量进行分类。

2）相关系数。

$$r_{ij} = \frac{\sum\limits_{a=i}^{n} (x_{ai} - \bar{x}_i)(x_{aj} - \bar{x}_j)}{\sqrt{\sum\limits_{a=1}^{n} (x_{ai} - \bar{x}_i)^2 \cdot \sum\limits_{a=1}^{n} (x_{aj} - \bar{x}_j)^2}} \qquad -1 \leqslant r_{ij} \leqslant 1$$

把两两变量的相关系数都算出后，排成矩阵为：

$$R = (r_{ij}) = \begin{bmatrix} r_{11} & r_{12} & \cdots & r_{1p} \\ r_{21} & r_{22} & \cdots & r_{2p} \\ \vdots & \vdots & & \vdots \\ r_{p1} & r_{p2} & \cdots & r_{pp} \end{bmatrix}$$

其中 $r_{11} = r_{22} = \cdots = r_{pp} = 1$，可根据 R 对 p 个变量进行分类。

当然，采用不同的分类方法会得到不同的分类结果，有时即使是同一种聚类方法，因距离的定义方法不同也会得到不同的分类结果。实际应用中，常采用不同的分类方法对数据进行分类，可以提出多种分类意见，再由实际工作者决定所需要的分类数和分类情况。

2. 系统聚类法的基本步骤。设有 n 个样品（多元观测值），每个样品测得 m 项指标（变量），得到观测数据 $x_{ij}(i = 1, \cdots, n; j = 1, \cdots, m)$ 如表 4 – 1 所示。

表 4 – 1 观测数据

	X_1	X_2	$\cdots$	X_m
$X_{(1)}$	x_{11}	x_{12}	$\cdots$	x_{1m}
$X_{(2)}$	x_{21}	x_{22}	$\cdots$	x_{2m}
$\cdots$	$\cdots$	$\cdots$	$\cdots$	$\cdots$
$X_{(n)}$	x_{n1}	x_{n2}	$\cdots$	x_{nm}

表 4 – 1 中数据又称为观测数据阵或简称为数据阵，其数学表示为：

$$X = \begin{bmatrix} x_{11} & x_{12} & \cdots & x_{1m} \\ x_{21} & x_{22} & \cdots & x_{2m} \\ \cdots & \cdots & \cdots & \cdots \\ x_{n1} & x_{n2} & \cdots & x_{nm} \end{bmatrix}$$

式中，列向量 $X_j = (x_{1j}, x_{2j}, \cdots, x_{nj})'$，表示第 j 项指标（$j = 1, 2, \cdots, m$）；
行向量 $X_i = (x_{i1}, x_{x2}, \cdots, x_{in})$ 表示第 i 个样品。

（1）系统聚类法的基本步骤。根据系统聚类法的基本思想，得出它的基本步骤如下：

① 数据变换。为了便于比较或消除量纲的影响，在作聚类分析之前首先对数据进行变换。一般常用的变换的方法有对数变换、中心化变换、标准化变换等。其中标准化变换为：

$$x_{ij}^* = \frac{x_{ij} - \bar{x}_j}{s_j} \quad (i = 1, 2, \cdots, n; j = 1, 2, \cdots m)$$

式中，$\bar{x}_j = \frac{1}{n} \sum_{i=1}^{n} x_{ij}$，$s_j^2 = \frac{1}{n-1} \sum_{i=1}^{n} (x_{ij} - \bar{x}_j)^2$，$(j = 1, 2, \cdots, m)$。变换后的数据，每个变量的样本均值为 0，标准差为 1，而且标准化变换后的数据 $\{x_{ij}^*\}$ 与变量的量纲无关。

② 计算 n 个样品两两之间的距离。选择度量样品间距离的定义（参考前面介绍的样本距离），计算出 n 个样品两两间的距离，得到样品间的距离矩阵 $D^{(0)}$。

③ 聚类过程。首先将 n 个样品各自构成一类，类的个数 $k = n$ ：$G_i = \{X_{(i)}\}$（$i = 1$，2，…，n），此时类间的距离就是样品间的距离（即 $D^{(1)} = D^{(0)}$）。然后进行下面的步骤：

1）合并类间距离最小的两类为一新类（类间距离定义参考下面的"系统聚类分析的方法"）。此时类的总数 k 减少一类。

2）计算新类与其他类的距离，得到新的距离矩阵 $D^{(j)}$。

若合并后类的总个数 k 仍大于 1，重复 1）和 2）步，直到类的个数为 1 时止。

④ 画谱系聚类图。谱系图能明确清晰地描述各个样本点在不同层次上聚合分类的情况。

⑤ 决定分类的个数及分类的成员。

（2）系统聚类分析的方法

从上面的系统聚类法的步骤中我们看到，合并两类为一类时依据的是类间距离，而上面我们介绍的是样本点距离，所以在此有必要介绍类间距离的确立方法，一般有下列一些不同的聚类方法。

① 类平均法（Average Linkage）用两类所有样本观测值两两之间距离的平均作为类间距离，即：

$$D_{KL} = \frac{1}{n_K n_L} \sum_{i \in C_K} \sum_{j \in C_L} d(x_i, x_j)$$

类平均法是一种应用较广泛，聚类效果较好的方法。

② 重心法（Centroid Method）用两个类重心（均值）之间的（平方）欧氏距离定义类间距离，即：

$$D_{KL} = \| \bar{X}_K - \bar{X}_L \|^2$$

③ 最长距离法（Complete Method）用两类观测间最远一对观测的距离定义类间距离，即：

$$D_{KL} = \max_{\substack{i \in C_K \\ j \in C_L}} d(x_i, x_j)$$

④ Ward 最小方差法（离差平方和法）（Ward's Mininum-Variance Method），也称 Ward 离差平方和法。类间距离定义为：

$$D_{KL} = \| \bar{X}_K - \bar{X}_L \|^2 / (1/n_K + 1/n_L)$$

Ward 方法并类时总是使得并类导致的类内离差平方和增量最小。

其他的聚类方法还有不少，但是类平均法和 Ward 最小方差法使用最广泛。

（3）系统聚类数的确定。在聚类分析中，系统聚类最终得到一个聚类树，如何确定类的个数，这是一个十分困难但又必须解决的问题；因为分类问题本身就没有一定标准，人们可以从不同的角度给出不同的分类。在实际应用中常使用下面几种方法确定类的个数。

① 由适当的阈值确定。选定某种聚类方法，按系统聚类的方法并类后，得到一张谱系聚类图，这个只反映样品间（或变量间）的亲疏关系，本身并没有给出分类。这样需要给定一个临界相似尺度，用以分割谱系图，如给定阈值为 d，当样品之间或已并类之间距离小

于 d 时，归属一类。

② 根据样本的散点图直观地确定。当样本所含指标只有 2 个或 3 个时，可运用散点图直观观察。如果指标超过 3 个时，可用主成份法（下个实验介绍）先综合指标。

③ 根据统计量确定分类个数。在 SAS 中，提供了一些来自方差分析思想的统计量近似检验类个数如何选择更合适。

1）R^2 统计量：

$$R^2 = 1 - \frac{S_A^2}{S_T^2} = \frac{S_B^2}{S_T^2}$$

其中，S_A^2 为分类数为 k 个类时的总类内离差平方和，S_T^2 为所有样品或变量的总离差平方和。R^2 越大，说明类内的离差平方和在总离差平方和中比例较小，也就是分为 k 个类的效果越好。显然分类越多，每个类离差越小，R^2 越大，所以我们只能取 k 使得 R^2 足够大，但 k 本身比较小，而且 R^2 不再大幅度增加。

2）半偏 R^2 统计量：在把类 C_K 和类 C_L 合并为下一水平的类 C_M 时，定义半偏相关：

$$半偏 R^2 = \frac{B_{KL}}{T}$$

其中，$B_{KL} = S_M - (S_K + S_L)$ 为合并类引起的类内离差平方和的增量；S_T 为类 C_T 的类内离差平方和。半偏 R^2 用于评价单次合并的效果，其值越大，说明上一次合并的效果越好。

3）伪 F 统计量：

$$伪 F = \frac{(T - P_K)/(k-1)}{P_K/(n-k)}$$

伪 F 统计量评价分为 k 个类的效果。伪 F 统计量越大，表达分为 k 个类越合理。通常取伪 F 统计量较大而类数较小的聚类水平。

4）伪 t^2 统计量：

$$t^2 = B_{KL}/((S_K + S_L)/(n_K + n_L - 2))$$

用此统计量评价合并类 C_K 和类 C_L 的效果，该值大说明合并的两个类 C_K 和类 C_L 是很分开的，这个合并不成功，而应该取合并前的水平。

（二）判别分析

判别分析是判别样品所属类型的一种多元统计方法，其应用范围之广，可与回归分析媲美。生活中经常会遇到需要根据观测到的资料对所研究的对象进行分类的问题。例如，在医学诊断中，需要根据就诊者的各项病症、特征及化验指标，作出就诊者是否患有某种疾病的诊断，利用判别分析可以很好地解释这类问题。

1. 判别分析的基本概念。判别分析用统计模型的语言可以这样描述：设有 k 个总体 G_1，G_2，…，G_K，其分布特征已知（已知分布函数 $F_1(x)$，$F_2(x)$，…，$F_K(x)$，或知道来各个总体的训练样品），希望建立一个准则，对给定的任意一个样品，依据这个准则可以判断它是来自哪个总体。当然，所建判别准则在某种意义上应该是最优的，是产生错判的事例最少。

按照不同的判别准则，判别分析的方法有：距离判别法、费歇（Fisher）判别法和贝叶斯（Bayes）判别法等。

（1）距离判别法。距离判别的基本思想是：样品和哪个总体的距离最近，就判断它属于哪个总体。

① 两个总体的距离判别法。

设有两个总体（或称两类）G_1、G_2，从第一个总体中抽取 n_1 个样品，从第二个总体中抽取 n_2 个样品，每个样品测量 p 个指标如表 4 - 2（G_1 总体：G_2 总体：）。

表 4 - 2

样品 \ 变量	G_1 总体				样品 \ 变量	G_2 总体			
	x_1	x_2	$\cdots$	x_p		x_1	x_2	$\cdots$	x_p
$x_1^{(1)}$	$x_{11}^{(2)}$	$x_{12}^{(2)}$	$\cdots$	$x_{1p}^{(2)}$	$x_1^{(2)}$	$x_{11}^{(2)}$	$x_{12}^{(2)}$	$\cdots$	$x_{1p}^{(2)}$
$x_2^{(1)}$	$x_{21}^{(2)}$	$x_{22}^{(2)}$	$\cdots$	$x_{2p}^{(2)}$	$x_2^{(2)}$	$x_{21}^{(2)}$	$x_{22}^{(2)}$	$\cdots$	$x_{2p}^{(2)}$
$\vdots$	$\vdots$	$\vdots$	$\vdots$	$\vdots$	$\vdots$	$\vdots$	$\vdots$	$\vdots$	$\vdots$
$x_{n_1}^{(2)}$	$x_{n_1}^{(2)}$	$x_{n_1}^{2}$	$\cdots$	$x_{n_p}^{(2)}$	$x_{n_2}^{(2)}$	$x_{n_2}^{(2)}$	$x_{n_2}^{(2)}$	$\cdots$	$x_{n_2}^{(2)}$
均值	$x_1^{(\overline{1})}$	$x_2^{(\overline{1})}$	$\cdots$	$x_p^{(\overline{1})}$	均值	$x_1^{(\overline{2})}$	$x_2^{(\overline{2})}$	$\cdots$	$x_p^{(\overline{2})}$

今任取一个样品，实测指标值为 $X = (x_1, \cdots, x_p)'$，问 X 应判归为哪一类？

首先计算 X 到 G_1、G_2 总体的距离，分别记为 $D(X, G_1)$ 和 $D(X, G_2)$，按距离最近准则判别归类，则可写成：

$$\begin{cases} X \in G_1, & \text{当 } D(X, G_1) < D(X, G_2) \\ X \in G_2, & \text{当 } D(X, G_1) > D(X, G_2) \\ \text{待判}, & \text{当 } D(X, G_1) = D(X, G_2) \end{cases}$$

记 $\overline{X}^{(i)} = (\overline{x}_1^{(i)}, \cdots, \overline{x}_p^{(i)})'$，$i = 1, 2$ 如果距离定义采用欧氏距离，则可计算出：

$$D(X, G_1) = \sqrt{(X - \overline{X}^{(1)})'(X - \overline{X}^{(1)})} = \sqrt{\sum_{a=1}^{p} \left(x_a - x_a^{(\overline{1})} \right)^2}$$

$$D(X, G_2) = \sqrt{(X - \overline{X}^{(2)})'(X - \overline{X}^{(2)})} = \sqrt{\sum_{a=1}^{p} \left(x_a - x_a^{(\overline{2})} \right)^2}$$

然后比较 $D(X, G_1)$ 和 $D(X, G_2)$ 大小，按距离最近准则判别归类。

由于马氏距离在多元统计分析中经常用到，这里针对马氏距离对上述准则做较详细的讨论。设 $\mu^{(1)}$、$\mu^{(2)}$，$\sum^{(1)}$、$\sum^{(2)}$ 分别为 G_1、G_2 的均值向量和协有效期阵。如果距离定义采用马氏距离即：

$$D^2(X, G_i) = (X - \mu^{(i)})' \left(\sum^{(i)} \right)^{-1} (X - \mu^{(i)}) \qquad i = 1, 2$$

这时判别准则可分以下两种情况给出：

1）当 $\sum^{(1)} = \sum^{(2)} = \sum$ 时

考察 $D^2(X,G_2)$ 及 $D^2(X,G_1)$ 的差，就有：

$$
\begin{aligned}
W(x) &= D^2(X,G_2) - D^2(X,G_1) \\
&= X'\sum{}^{-1}X - 2X'\sum{}^{-1}X\mu^{(2)} + \mu^{(2)'}\sum{}^{-1}\mu^{(2)} - [\,X'\sum{}^{-1}X - 2X'\sum{}^{-1}\mu^{(1)} \\
&\quad + \mu^{(1)'}\sum{}^{-1}\mu^{(1)}\,] \\
&= 2X'\sum{}^{-1}(\mu^{(1)} - \mu^{(2)}) - (\mu^{(1)} + \mu^{(2)})'\sum{}^{-1}(\mu^{(1)} - \mu^{(2)}) \\
&= 2\left[X - \frac{1}{2}(\mu^{(1)} + \mu^{(2)})\right]'\sum{}^{-1}(\mu^{(1)} - \mu^{(2)})
\end{aligned}
$$

令 $\bar{\mu} = \frac{1}{2}(\mu^{(1)} + \mu^{(2)})$，则 $W(x) = (X - \bar{\mu})'\sum^{-1}(\mu^{(1)} - \mu^{(2)})$

然后判别准则可写成：

$$
\begin{cases}
X \in G_1, & \text{当 } W(x) > 0 \quad \text{即 } D^2(X,G_2) > D^2(X,G_1) \\
X \in G_2, & \text{当 } W(x) < 0 \quad \text{即 } D^2(X,G_2) < D^2(X,G_1) \\
\text{待判}, & \text{当 } W(x) = 0 \quad \text{即 } D^2(X,G_2) = D^2(X,G_1)
\end{cases}
$$

显然，$W(x)$ 是 $x_1, \cdots, x_p$ 的线性函数，所以称 $W(x)$ 为线性判别函数。

2）当 $\sum^{(1)} \neq \sum^{(2)}$ 时

$$
\begin{aligned}
W(X) &= D^2(X,G_2) - D^2(X,G_1) \\
&= (X - \mu^{(2)})'(\sum{}^{(2)})^{-1}(X - \mu^{(2)}) - (X - \mu^{(1)})'(\sum{}^{(1)})^{-1}(X - \mu^{(1)})
\end{aligned}
$$

作为判别函数，它是 X 的二次函数。

②　多个总体的距离判别法。类似两个总体的讨论推广到多个总体。设有 m 个总体：G_1，G_2，$\cdots$，$G_m(m>2)$，它们的均值、协方差矩阵分别为 μ_i，$\sum_i(i=1,2,\cdots,m)$。对任意给定的样品 x，要判断它来自哪个总体。首先计算样品 x 到 m 个总体的马氏距离 $d_i^2(x)$（$i=1,2,\cdots,m$）（可考虑 $\sum_i$ 相等或 $\sum_i$ 不全相等的两种情况，并用样本统计量作为 μ_i 和 $\sum_i$ 的估计），然后进行比较，把 x 判归与其距离最小的那个总体。即若 $d_h^2(x) = \min\{d_i^2(x)\mid i=1,2,\cdots,m\}$，则 $x \in G_h$。

值得注意的是：判别分析只是在已知样品来自不同总体时才有意义，从图 4-1 可以看出，用这个判别法有时也会得出错判。如 X 来自 G_1，但却落入 D_2，被判为属 G_2，错判的概率为图 4-1 中阴影的面积，记为 $P(2/1)$，类似有 $P(1/2)$，显然 $P(2/1) = P(1/2) = 1 - \Phi\left(\dfrac{\mu_1 - \mu_2}{2\sigma}\right)$。

当两总体靠得很近（即 $|\mu_1 - \mu_2|$ 小），则无论用何种办法，错判概率都很大，所以只有当两个总体的均值有显著差异时，作判别分析才有意义，所以在判别分析之前一般要进行各类均值向量显著性差异的检验。

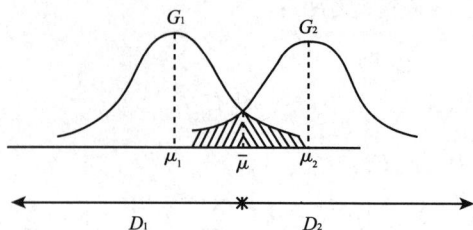

图 4 - 1 错判得出的概率

（2）费歇尔判别（Fisher）。费歇尔判别的思想是通过投影将多维问题简化为一维问题来处理。选择一个适当的投影轴，使所有的样品点都投影到这个轴上得到一个投影值。对这个投影轴的方向要求是：使每一类内的投影值所形成的类内离差尽可能小，而不同类间的投影值所形成的类间距离差尽可能大。下面以两个总体为例说明费歇尔判别的思想。

设有两个总体 G_1，G_2，其均值分别为 μ_1 和 μ_2，协方差阵分别为 $\sum_1$ 和 $\sum_2$，并假定 $\sum_1 = \sum_2 = \sum$，考虑线性组合：$y = L'x$。通过寻求合适的 L 向量，使得来自两个总体的数据间的距离尽可能大，而来自同一个总体的数据间的差异尽可能小。可以证明，当选 $L = c\sum^{-1}(\mu_1 - \mu_2)$ 其中 $c \neq 0$ 时，所得的投影即满足要求。从而称 $c = 1$ 时的线性函数：

$$y = L'x = (\mu_1 - \mu_2)'\sum^{-1}x$$

为费歇尔线性判别函数。其判别规则为：

若 $y \geq m$，   则 $x \in G_1$

若 $y < m$，   则 $x \in G_2$

其中，m 为两个总体均值在投影方向上的中点，即：

$$m = \frac{L'\mu_1 + L\mu_2}{2} = \frac{1}{2}(\mu_1 - \mu_2)'\sum^{-1}(\mu_1 + \mu_2)$$

当 μ_1、μ_2 和 $\sum$ 未知时，可由总体 G_1 和 G_2 中分别抽出 n_1 和 n_2 个样品，计算相应的样本均值和协方差阵作为 μ_1、μ_2 和 $\sum$ 的估计。

（3）贝叶斯判别（Bayes）。贝叶斯判别的思想是假定对所研究的对象已有一定的认识，常用先验概率分布来描述这种认识，当抽取一个样本后，用样本来修正先验概率分布，得到后验概率分布，各种统计推断都通过后验概率分布来进行。

① 贝叶斯判别法。设有 m 个总体 G_1，G_2，…，G_m，假定它们各自的分布密度分别为 $f_1(x)$，$f_2(x)$，…，$f_m(x)$，各自的先验概率（可以根据经验事先给出或估出）分别为 q_1，q_2，…，q_m，显然：

$$q_i \geq 0, \sum_{i=1}^{m} q_i = 1$$

贝叶斯判别的方法是：当抽取了一个未知总体的样品 x，要判断它属于哪个总体时，可用贝叶斯公式计算 x 属于第 j 个总体的后验概率：

$$P(j \mid x) = \frac{q_j f_j(x)}{\sum\limits_{i=1}^{m} q_i f_i(x)}, \ j = 1, 2, \cdots, m$$

当 $P(h \mid x) = \max\limits_{1 \leqslant j \leqslant m} P(j \mid x)$ 时，判断 x 属于第 h 个总体，这个原理和最大似然法则是一致的。或者计算按先验概率加权的误判平均损失：

$$h_j(x) = \sum_{i=1}^{m} q_i C(j \mid i) f_i(x), \ j = 1, 2, \cdots, m$$

然后再比较这 m 个误判平均损失的 $h_1(x)$, $h_2(x)$, $\cdots$, $h_m(x)$ 的大小，选取其中最小的，就可以判定样品 x 来自该总体。

上式中 $C(j \mid i)$ 为假定本来属于 G_i 的样品被判为 G_j 时造成的损失。当然 $C(i \mid i) = 0$, $C(j \mid i) \geqslant 0$ ($i, j = 1, 2, \cdots, m$)。应用贝叶斯判别的方法时，要求定量给出 $C(j \mid i)$, $C(j \mid i)$ 的赋值，这里没有严格的数学方法，一般经验人为赋值或者假定各种错判的损失都相等。

② 错判概率。当样品 $x \in G_i$，用判别法 D 判别时，把 x 判归 $G_j (i \neq j)$，出现错判。一般用 $P(j \mid i)$ 表示实属 G_i 的样品错判为 G_j 的概率，常用的错判概率的估计方法如下：

● 利用训练样本作为检验集，即用到判别方法对已知样品进行回判，统计错判的个数以及错判的比率，作为错判率的估计。此法得出的估计一般较低。

● 当训练样本容量足够大时，可留出一些已知类别的样品作为检验集（不参加建立判别准则），并把错判的比率作为错判率的估计。此法当检验集较小时估计得方差大。

● 设一法（或称为交叉确认法），每次留出一个已知类别的样品，而用其他 $n - 1$ 个样品建立判别准则，然后对留出的这一个已知类别的样品进行判别归类。对训练样本中 n 个样品逐个处理后把错判的比率作为错判率的估计。

（4）逐步判别。建立判别法则显然与样本是否来自不同的总体有关，也与所考察的 m 个变量（指标）是否能区分 k 个不同的总体（组）有关。所以我们有必要对各个变量的判别能力进行检验，关于各变量判别能力的检验问题是筛选判别变量的理论基础，也是逐步判别的理论基础。

当检验 k 个类的均值向量是否全都相等（即检验 $H_0 : \mu_1 = \mu_2 = \cdots = \mu_k$）时，否定了这个假设 H_0（即表明各总体的均值向量有显著性差异），也并不能保证其各分量的均值有显著性差异，若第 i 个分量间没有显著差异时，说明相应的变量 X_i 对判别分类不起作用，应该剔除。利用 F 统计量对假设 $H_0(i)$（第 i 个变量在 k 个总体中的均值相等）作统计检验。若否定 $H_0(i)$，表示变量 X_i 对区分 k 个总体的判别能力是显著的（在显著水平 α 下）。否则，变量 X_i 对区分 k 个总体的判别能力不能提供附加信息，这个变量应剔除。

前面我们讨论了用全部 m 个变量：X_1, X_2, $\cdots$, X_m 来建立判别函数，用以对样品进行判别归类的几种方法。在这 m 个变量中，有的变量对区分 k 个总体的判别能力可能很强，有的可能很弱。如果不加区分地把各变量全部用来建立判别函数，则会极大地增加计算量，还可能因为变量间的相关性引起计算上的困难（病态或退化等）及计算精度的降低。另一方面由于一些对区分 k 个总体的判别能力的变量的引入，产生干扰，致使建立的判别函数不稳定，反而影响判别效果。逐步判别可以解决这个问题。逐个引入变量，每次把一个判别能力最强的变量引入判别式，每引入一个新变量，对判别式中的老变量逐个进行检验，如其判别能力因新变量的引入而变得不显著，应把它从判别式中剔除。这种通过逐步筛选变量使得建立的判别函数中仅保留判别能力显著的变量的方法，就是逐步判别法。

二、实验软件平台

在 SAS 系统中，一般聚类分析使用 Cluster 过程和 Tree 过程。判别分析使用 Discrim 过程和 Stepdisc 过程，下面分别介绍它们的用法。

1. 用 Cluster 过程和 Tree 过程。

（1）Cluster 过程。

系统聚类 Cluster 过程的一半格式为：

proc cluster <选项列表>; /* 必须语句* /

var <聚类用变量>;

copy <复制变量>;

id <变量名>;

freq <变量名>

run;

① Proc Cluster 语句为调用 Clusters 过程的开始，其常用选择及功能见表 4 – 3。

表 4 –3   Proc Cluster 语句的常用选项

选项名称	功 能 说 明
METHOD =	指定聚类方法，常用的有：AVERAGE ∣ AVE、WARD ∣ WAR、CETROID ∣ CER（重心法）、COMPLETE ∣ COM（最长距离法）、SINGLE ∣ SIN（最短距离法）、FLEXIBLE ∣ FLE（可变类平均法）、MCQUTTY ∣ MCQ（相似分析法）、MEDIAN ∣ MED（中间距离法）等
DATA =	指定输入数据集，可以是原始观测数据集，也可以是距离矩阵数据集
OUTTREE =	指定输出数据集，把聚类过程到指定数据集，可以用 TREE 过程绘图并实际分类
STANDARD	把变量标准化为均值 0，标准差 1
PSEUDO	要求计算伪 F 和 t^2 统计量
CCC	要求计算 CCC，是考察聚类效果的统计量，CCC 较大的聚类水平较好

② Var 语句指定用来聚类的数值型变量。默认情况下使用所有数值型变量。

③ Copy 语句把指定的变量复制到 Outtree = 的数据集中，以备后用。

④ Id 语句中指定的变量用于区分聚类过程中的输出及 Outtree 数据集中的观测。

（2）Tree 过程。Tree 过程可以把 Cluster 过程产生的 Outtree = 数据集作为输入，画出聚类谱系图，并按照用户指定的聚类水平（类数）产生分类结果数据集。一般格式如下：

proc tree <选项列表>;

copy <复制变量>;

id <变量>;

run;

① Proc Tree 语句为调用 Tree 过程的开始，其常用选项及功能见表 4 – 4。

表 4 – 4   Proc Tree 语句的常用选项

选项名称	功 能 说 明
DATA = 数据集	指定从 CLUSTER 过程生成的 OUTTREE 数据集作为输入
OUT = 数据集	指定包含最后分类结果（每一个观测属于哪一类，用一个 CLUSTER 变量区分）的输出数据集
NCLUSTERS	指定最后把样本观测分为多少个类
HORIZONTAL	横向画聚类谱系图

② Copy 语句把输入数据集中的变量复制到输出数据集。

③ Id 语句用于指定在输出树状图中的识别对象，Id 变量可以是字符数值变量。如果省略，Tree 过程将使用_Name_。

2. Discrim 过程和 Stepdisc 过程。

（1）Discrim 过程。Discrim 过程根据一个分类变量和若干数值变量的数据计算出各种判别函数（判别准则），根据这个判别函数，再将该批数据或其他数据中的观测分别归入已知类别中去。

Discrim 过程语句格式如下:

Proc Discrim Data = SAS 数据集 Out = SAS 数据集 < 选项列表 >;

class < 变量 >;

by < 变量 >;

id < 变量 >;

priors < 先验概率值 >;

testclass < 变量 >;

testid < 变量 >;

var < 变量列表 >;

run;

其中 Proc Discrim 语句和 Class 语句是 Discrim 过程的必选语句，其他均可选项。Proc Discrim 语句中可设置的选项及其功能见表 4 – 5。

表 4 – 5   Proc Discrim 语句总的常用选项

选 项	说 明
TESTDATA = 数据集	指定欲进行归类的观测组成的输入数据集（检测数据集），该数据集中定量变量的名字必须与 DATA = 数据集输入变量的名字相匹配
OUTSTAT = 数据集	生成一个包含各种统计量的数据集，例如均值、标准差及判别统计量等
OUTCROSS = 数据集	生成一个包含后验概率和每个观测通过交叉确认被分入的类等的数据集
TESTOUT = 数据集	生成一个包含检验数据集中的所有数据、后验概率和每个观测被归入的类等的数据集
METHOD = NORMAL ∣ NPAR	确定导出分类准则的方法，当指定 METHOD = NORMAL 时，采用参数法；当指定 METHOD = NPAR 时，采用非参数的方法。默认值为 METHOD = NORMAL

选　项	说　明
POOL = NO | TEST | YES	确定是否用样本合并的协差阵进行广义平方距离的计算。当 POOL = YES 时，采用样本合并的协差阵得出线性判别函数；当 POOL = NO 时，采用各个组内的样本协差阵得出二次判别函数；当 POOL = TEST 时，要求对组内协差阵的齐次性进行似然比检验。如果其次性条件得以满足，则使用合并协方差矩阵；否则使用各类内协方差矩阵。默认值为 POOL = YES
SLP = p	此功能在 POOL = TEST 时才有效，用来指定进行各类协方差矩阵齐次性检验的显著水平，默认值为 0.1
K = k	指定 K 最邻近法中的 k 值，即 x 分入哪个类是基于与 x 最邻近的 k 个样品所得到的信息
METRIC = DIACONAL | FULL | IDENTITY	指定用于计算平方距离所选用的矩阵类型，默认值为 METRIC = FULL。当指定 METHOD = NORMAL 时采用 METRIC = FULL
CANONICAL | CAN	要求 DISCRIM 进行典型判别分析
NCAN = number	指定要计算的典型变量的个数
TIRESHOLD = 概率值	这个选项界定各个样品判为某个类别需要的后验概率的最低标准。若某个样品的后验概率低于此标准，则它会被分派到其他（other）类，这个选项的默认值为 0
LIST	输出各样品被分类后的结果，此选项只可以与原数据联用
LISTERR	输出错误归类的观测的分类结果，此选项值可以与原数据联用
TESTLIST	与"TESTDATA ="合用在输出结果中，列出在检验数据集进行分类的结果
TESTLISTERR	与"TESTDATA ="和"TESTCLASS"合用，列出"TESTDATA ="数据集中错误分类的观测
CROSSLIST	输出交叉验证的分类结果
CROSSLISTERR	输出交叉确认后被错判的类中的样品
CROSSVALIDATE	要求 DISCRIM 程序对 DATA = 的输入数据集进行交叉确认分类
POSTERR	要求输出分类变量所造成的错误分类后验概率的估计值

① Class 语句。该语句在 Proc Discrim 中不可省略，分类变量的不同值决定判别分析的组。类水平由 Class 变量的格式化值决定，指定的变量可以是数值的或字符的。

② Priors 语句。指定各组中成员出现的先验概率。总觉得各类别可能出现的概率相等，则使用 Priorsequal 语句。若规定先验概率为各组样本出现的比例，则使用 Priors Proportional（或 Priors Prop 语句）。若知道各个组的先验概率，则可以在此指令中列出各类别的概率。

③ Var 语句。列出所有判别分析可能用到的变量名称。若此语句省略，则数据集中未在其他语句中使用的全部数值型变量被作为 Var 变量来用。

（2）Stepdisc 过程。针对具有一个分类变量和若干数值型变量（指标变量）的数据集，Stepdisc 过程执行逐步判别分析（Stepwise Discriminant Analysis）的过程，从指定的指标变量（Var 变量）中筛选出一组变量，以用于随后的判别分析。逐步判别分析要求指标变量在各组内服从多元正态分布，并且具有相同的协方差矩阵。

Stepdisc 过程简化的格式如下：

proc stepdisc <选项列表>;

```
class <变量>;
by <变量>;
var <变量列表>;
run;
```

其中 Proc Stepdisc 语句和 Class 语句为 Stepdisc 过程运行所必需的语句，其余语句均为可选项。Proc Stepdisc 语句中可设置的选项及其功能见表 4 - 6。

表 4 - 6　　　　　**Proc Stepdisc 语句中的选项列表及其功能和用法**

选　项	说　明
DATA = SAS 数据集	指定输入数据集，可为一般类型，也可为其他特殊类型，（CORP, COV, CSSCP, SSCP）
METHOD =	指定选择变量的方法，可指定为 FORWARD、BACKWARD、STEPWISE，分别对应前进法，后退法和逐步法
SLENTRY =	指定选择变量进入模型须达到的显著性水平，默认值为 0.15
SLSTAY =	指定模型内部变量继续留在模型中（不被剔除）须达到的显著水平，默认值为 0.15
PR2ENTRY	指定变量进入模型须达到的平方偏相关系数值，此值须小于等于 1
PR2STAY	指定模型内部变量继续留在模型中须达到的平方偏相关系数值，此值小于等于 1
INCLUDE =	指定一个非负整数 n，要求在模型中总是包含 var 变量中前 n 个。此选项默认设置为 0
MAXSTEP =	指定选择变量操作的步数，默认值为 var 变量的个数
START =	指定一个非负整数 n，要求在最初的模型中包含 var 变量中的前 n 个。如果设置 method = forward 或 method = stepwise，默认值为 0，否则在 var 变量的个数
STOP =	指定一个非负整数 n，要求模型中含有 n 个变量时即停止变量选择过程。此选项仅在前进法或者后退法中有效，前进法中默认值为 0，后退法中默认值为 0
SINGULAR =	指定变量进入模型时的奇异性判断标准 p（0 < p < 1）。如果某一变量与模型中变量的多重相关的平方大于（1 - r），该变量则被禁止进入模型，p 的默认值为 10^{-8}

以及一些输出控制命令：Bcorr、Pcorr、Wcorr、Tocc、Bcov、Pcov、Tcov、Wcov、All、Simple Stdmean、Short 等。

① Class 语句。Class 语句为 Stepdisc 过程所必需的语句，其语法与前述的 Discrim 过程的同名语句完全相同。

② Var 语句。指定筛选变量的范围，需要考察的变量必须全部在 Var 语句中指定，且须为数值型变量。如果忽略 Var 语句，则数据集中未在其他语句中使用的全部数值型变量将被作为 Var 变量来使用。

三、具体实验要求

1. 实验目的：聚类分析（Cluster Analysis）是有了一批样品，不知道它们的分类，甚至连分成几类都不知道，希望用某种方法把样品进行合理的分类，聚类分析实际上是建立一种分类方法。而判别分析（Discriminant Analysis）是用于判断样品所属类型的一种统计方法，希望建立一个准则，对给定的任意一个样品，依据这个准则可以判断它是来自哪个总体。当然，所建判别准则在某种意义上应该是最优的，是产生错判的事例最少。本实验目的是通过使用 SAS 系统中的 Stepdisc 和 Cluster 过程完成判别分析与聚类分析，掌握它们的一般操作方法以及如何结合使用。

2. 实验要求及学时：实验形式（个人）；实验学时数 4。

3. 实验环境及材料：（使用的软件系统、实验设备、主要仪器、材料等）装有版本为8.1 以上的 SAS 系统的个人电脑（每人 1 台）。

4. 实验内容：运用 Stepdisc 和 Cluster 过程进行判别分析与聚类分析。

5. 实验方法和操作步骤：

（1）导入整理数据。

```
PROC IMPORT OUT = WORK. sj
DATAFILE = "D:\ work \ example one. xls"
DBMS = EXCEL2000 REPLACE;
GETNAMES = YES;
RUN;
data lwh;
set sj;
if price > 0;
run;
```

（2）对数据进行预处理。

```
proc aceclus data = lwh out = ace p = 0. 03 noprint;
var level_change price lowspeed volume transpositional_ratio open prevclose high average_
price;
run; /* 使用 aceclus 过程对数据进行预处理，将结果输入到 ace 中* /
```

说明：程序中 p = 0. 03 是用来规定在类内协方差阵中包含的观测对的近似比例。

（3）聚类分析。

```
proc cluster data = ace outtree = Tree method = ward
ccc pseudo print = 15;
var can1 can2 can3 can4 can5 can6 can7 can8 can9 can10;
id code;
run; /* 进行聚类分析* /
```

这一步的结果见表 4 - 7，结果分析：从表 4 - 7 中聚类过程结果可以看出，Rsq 在 Ncl 等于 2 时有异动，所以这个分类结果把这 1 600 余支分为两类，其中中国建筑（601668）单独一类。

（4）做谱系聚类图，见图 4 - 2

```
axis1 order = (0 to 1 by 0. 2);
proc tree data = tree out = new nclusters = 4 graphics haxis = axis1 horizontal;
height_rsq_;
copy can1 can2 can3 can4 can5 can6 can7 can8 can9 can10;
```

id code;

　　run; /* 做树状图* /

这一步的结果见图 4 - 2。

表 4 - 7　　　　　　　　　　　　　　　　　**聚类过程**

```
                                        Cluster History
                                                                                 T
                                                                                 i
     NCL    --Clusters Joined---   FREQ    SPRSQ    RSQ    ERSQ    CCC    PSF    PST2   e

      15    CL20      CL56          43     0.0001   .999   .995   34.3   81E3   58.5
      14    CL31      CL29          72     0.0002   .998   .995   34.3   76E3    198
      13    CL39      CL22         121     0.0002   .998   .994   34.9   73E3    259
      12    CL37      CL159          5     0.0003   .998   .993   35.1   69E3   60.4
      11    CL19      CL24         790     0.0004   .998   .992   35.4   64E3    801
      10    CL21      CL18          16     0.0006   .997   .990   34.1   56E3   49.2
       9    CL15      CL23          54     0.0009   .996   .988   32.7   49E3    149
       8    CL16      CL17         483     0.0009   .995   .984   33.5   45E3   1303
       7    CL13      CL14         193     0.0014   .994   .980   33.9   41E3    490
       6    CL11      CL8         1273     0.0041   .990   .972   28.4   29E3   2676
       5    CL12      CL10          21     0.0045   .985   .960   28.8   25E3   78.1
       4    CL9       CL7          247     0.0075   .978   .938   30.8   22E3    580
       3    CL4       CL6         1520     0.0337   .944   .889   21.8   13E3   3063
       2    CL3       CL5         1541     0.0597   .884   .750   30.1   12E3   1639
       1    CL2       601668      1542     0.8843   .000   .000   0.00    .     12E3
```

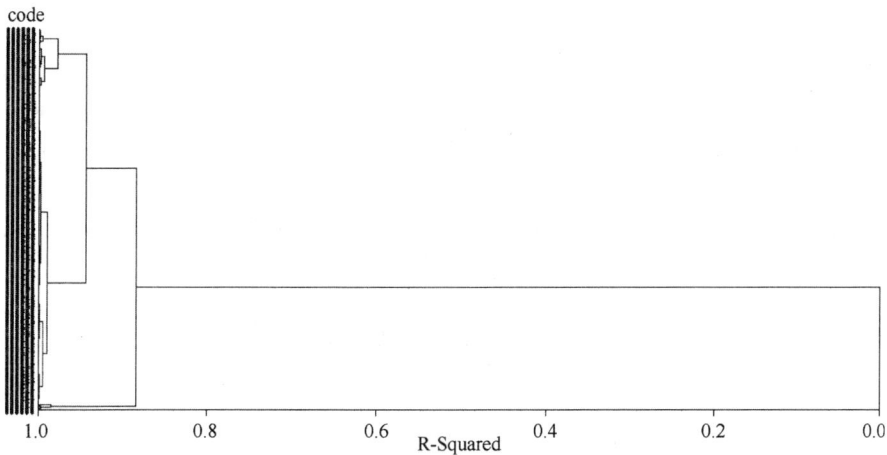

图 4 - 2　谱系聚类图

（5）把聚类结果用散点图显示。

proc gplot data = new;

plot can2* can1 = cluster/haxis = - 1.5 to 225 by 5 vaxis = - 0.15 to 1.6 by 0.02;

　　run; /* 对分类的结果做散点图* /

结果如图 4 - 3。

（6）逐步判别。

proc stepdisc data = new;

class cluster;

　　run; /* 逐步判别，剔除多余变量* /

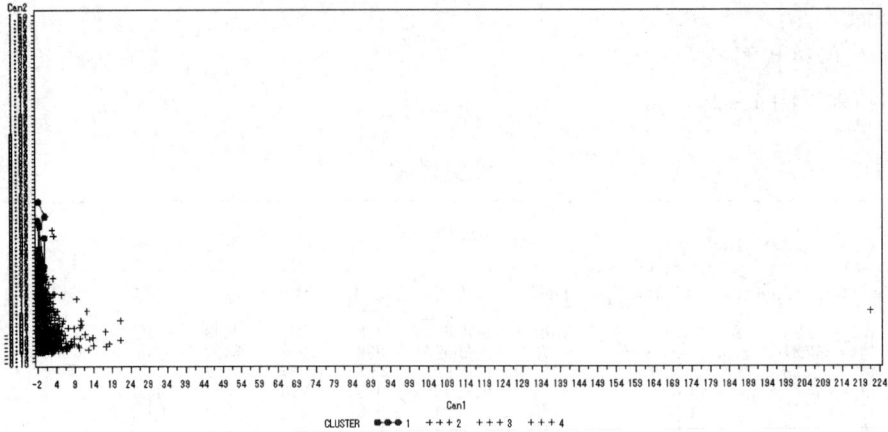

图 4 - 3　散点聚类图

这一步的结果见表 4 - 8，结果分析：从表 4 - 8 中发现，通过逐步判别过程最后保留的变量为 Can1，Can2，Can3，Can5，Can6，Can7，Can8；然后去掉 Can4，Can9，Can10。

（7）判别分析。

proc discrim data = new outstat = newstat method = normal pool = yes list

crossvalidate;

class cluster;

priors proportional;

var Can1 Can2 Can3 Can5 Can6 Can7 Can8;

run; /* 判别分析* /

这一步的结果见表 4 - 9，结果分析如下：从表 4 - 9 中判别分析结果可以看出，上面聚类分析分成四类中第二类有 74 个误判。误判概率为 29.96%。

表 4 - 8　　　　　　　　　　　　　　逐步判别过程

```
                    The SAS System        21:01 Sunday, December 19, 2009

                    The STEPDISC Procedure
                    Stepwise Selection: Step 8

              Statistics for Removal, DF = 3, 1532

                         Partial
              Variable   R-Square    F Value    Pr > F

              Can1        0.9786     23388.3    <.0001
              Can2        0.0111         5.73    0.0007
              Can3        0.0911        51.18    <.0001
              Can5        0.0048         2.48    0.0593
              Can6        0.0088         4.53    0.0036
              Can7        0.0170         8.83    <.0001
              Can8        0.0035         1.80    0.1461

                 No variables can be removed.


              Statistics for Entry, DF = 3, 1531

                         Partial
              Variable   R-Square    F Value    Pr > F    Tolerance

              Can4        0.0009        0.45     0.7166     1.0000
              Can9        0.0021        1.10     0.3489     1.0000
              Can10       0.0011        0.56     0.6403     1.0000

                 No variables can be entered.

                 No further steps are possible.
```

表 4 - 9　　　　　　　　　　　　　　　　判别分析结果

```
                  Number of Observations and Percent Classified into CLUSTER
    From CLUSTER        1            2            3            4        Total
         1           1273            0            0            0         1273
                   100.00         0.00         0.00         0.00       100.00
         2             74          173            0            0          247
                    29.96        70.04         0.00         0.00       100.00
         3              0            0           21            0           21
                     0.00         0.00       100.00         0.00       100.00
         4              0            0            1            0            1
                     0.00         0.00       100.00         0.00       100.00
       Total         1347          173           22            0         1542
                    87.35        11.22         1.43         0.00       100.00
       Priors     0.82555      0.16018      0.01362      0.00065

                        Error Count Estimates for CLUSTER
                          1            2            3            4        Total
         Rate        0.0000       0.2996       0.0000       1.0000       0.0486
         Priors      0.8256       0.1602       0.0136       0.0006
```

6. 实验报告要求。

（1）实验报告要以事实为依据，推理要合乎逻辑，不可无根据地臆断。

（2）在写作实验报告时，要按照一定的格式，不能忽视最基本的规范要求。要根据事物的结构特点和逻辑顺序，来考虑表达的形式和表述的方法。

（3）实验报告的表述应具有可读性。语言阐述必须精确、通俗，在不损害规范性的前提下，尽可能使用简洁的语言。

7. 练习实验。

（1）有 6 个矿石，测得 7 种微量元素含量数据见表 4 - 10。试用多种系统聚类分析方法对这 6 个矿石和 7 种微量元素进行分类，并比较分类结果；然后用 Varclus 过程对 7 种微量元素进行分类。

表 4 - 10

Ag	Al	Cu	Ca	Sb	Bi	Sn
0.06	5.52	347.10	21.91	8586.00	1742.00	61.69
0.08	3.97	347.20	19.71	7947.00	2000.00	2440.00
0.07	1.15	54.58	3.05	3860.00	1445.00	9497.00
0.02	1.70	307.50	15.03	12290.00	1461.00	6380.00
5.74	2.85	229.60	9.66	8099.00	1266.00	12520.00
0.02	0.71	240.30	13.91	8980.00	2820.00	4135.00

（2）根据经验，今天与昨天的湿度差 x_1 及气压与温度之差 x_2 是预报明天是否下雨的重要因素，表 4 - 11 是一批样本数据。今测得 $x_1 = 0.6$、$x_2 = 3.0$，假定两组的协方差矩阵相等，试用距离判别法预报明天是否会下雨，并估计误差概率；假定来那个组的 $x = (x_1, x_2)'$

均服从二元正态分布，已有先验概率 $p_1 = 0.3$，$p_2 = 0.7$，试用贝叶斯公式判别法预报明天是否下雨。

表 4-11

x_1（雨天）	x_2（雨天）	x_1（非雨天）	x_2（非雨天）
-1.9	3.2	0.2	6.2
-6.9	10.4	-0.1	7.5
5.2	2.0	0.4	146
5.0	2.5	2.7	8.3
7.3	0.0	2.1	0.8
6.8	12.7	-4.6	4.3
0.9	-15.4	-1.7	10.9
-12.5	-2.5	-2.6	13.1
1.5	1.3	2.6	12.8
3.8	6.8	-2.8	10.0

实验五

主成份分析与因子分析

（验证性实验）

一、实验原理

现实中的统计对象经常用多个指标来表示，如人口普查，就可以有姓名、性别、出生年月日、籍贯、婚姻状况、民族、政治面貌、地区等；而企业调查，可以有净资产、负债、盈利、职工人数、还贷情况等。在很多情形中，指标之间是有一定相关关系的，这时可以解释为这两个指标反映此统计对象的信息有一定的重叠，而重叠的信息自然会增加一些重复的工作。在用统计分析方法研究多变量的课题时，变量个数太多也会增加课题的复杂性。所以多个指标（变量）进行分析时，我们往往希望综合使用这些指标，这时有主成份分析、因子分析等方法可以把数据的维数降低，同时又尽量不损失数据中的信息。

（一）主成份分析

主成份分析是对于原先提出的所有变量，建立尽可能少的新变量，使得这些新变量是两两不相关的，而且这些新变量在反映课题的信息方面尽可能保持原有的信息。这种将多个变量通过线性变换转换为较少个重要变量的多元统计分析方法叫主成份分析，又称主分量分析。

1. 主成份分析基本思想。主成份分析的基本思想是设法将原来众多的具有一定相关性的指标（如 h 个指标），重新组合成一组新的互不相关的综合指标。通常数学上的处理就是将原来 h 个指标的某种线性组合来作为新的综合指标。可是这种线性组合有很多，应该如何去选取呢？

首先将选取的第一个线性组合命名为 F_1，统计中表达"信息"的最经典的方法就是用 F_1 的方差来表达，即 $\mathrm{Var}(F_1)$ 越大，表示 F_1 包含的信息越多。我们自然希望 F_1 尽可能多地反映原来指标的信息，所以首先选取的所有线性组合中方差最大的 F_1 称为第一主成份。如果第一主成份不足以代表原来 h 个指标的信息，再考虑选取 F_2 即选第二个线性组合作为第二主成份。为了有效地反映原有信息，F_1 已有的信息就不需要再出现在 F_2 中，用数学语言表达就是要求 $\text{Cov}(F_1, F_2) = 0$，依次类推可以构造出第三、第四、…、第 h 个主成份。这样所有的主成份之间不仅不相关，而且它们的方差依次递减。在实际工作中，可以挑选前几个最大主成份，这样会损失一部分信息，但是我们抓住了主要矛盾，因而在某些实际问题的研究中得益比损失大。既减少了变量的数目，又抓住主要矛盾的是有利于问题的分析和处理。

2. 主成份分析的数学模型。设有 n 个样品（多元观测值），每个样品观测 h 项指标（变量）：X_1，X_2，…，X_h，得到原始数据资料库：

$$X = \begin{bmatrix} x_{11} & x_{12} & \cdots & x_{1h} \\ x_{21} & x_{22} & \cdots & x_{2h} \\ \vdots & \vdots & \ddots & \vdots \\ x_{n1} & x_{n2} & \cdots & x_{nh} \end{bmatrix} = (X_1, X_2, \cdots, X_h)$$

其中 $X_i = (x_{1i}, x_{2i}, \cdots, x_{ni})'$，$i = 1, 2, \cdots, h$。用数据矩阵 X 的 h 个列向量（即 h 个指标向量）X_1，X_2，…，X_h 作线性组合，得到综合指标向量：

$$\begin{cases} F_1 = a_{11}X_1 + a_{21}X_2 + \cdots + a_{h1}X_h \\ F_2 = a_{12}X_1 + a_{22}X_2 + \cdots + a_{h2}X_h \\ \vdots \qquad \vdots \\ F_h = a_{1h}X_1 + a_{2h}X_2 + \cdots + a_{hh}X_h \end{cases}$$

简写成：

$$F_i = a_{1i}X_i + a_{2i}X_2 + \cdots + a_{hi}X_h \quad i = 1, 2, \cdots, h$$

为了加以限制，对组合系数 $a_i' = (a_{1i}, a_{2i}, \cdots a_{hi})$ 作如下要求：

$$a_{1i}^2 + a_{2i}^2 + \cdots + a_{hi}^2 = 1, \quad i = 1, \cdots, h$$

即：a_i 为单位向量：$a_i'a_i$，且由以下原则决定：

（1）F_i 与 $F_j (i \neq j, i, j = 1, \cdots, h)$ 互不相关，即 $\text{Cov}(F_i, F_j) = a_i' \sum a_i = 0$，其中 $\sum$ 是 X 的协方差阵。

（2）F_1 是 X_1，X_2，…，X_h 的一切线性组合（系数满足限制条件）中方差最大的，即：

$$\text{Var}(F_1) = \max_{c'c=1} \text{Var}\left(\sum_{i=1}^{h} c_i X_i \right), \quad \text{其中} \; c = (c_1, c_2, \cdots, c_h)'$$

而 F_2 是与 F_1 不相关的 X_1，X_2，…，X_h 一切线性组合中方差最大的，F_h 是与 F_1，F_2，…，F_{h-1} 都不相关的 X_1，X_2，…，X_h 的一切线性组合中方差最大的。

满足上诉要求的综合指标向量 F_1，F_2，…，F_h 就是主要成分，这 h 个主成份从原始指标中所提供的信息总量中所提取的信息量依次递减，每一个主成份所提取的信息量用方差来度量，主成份方差的贡献就等于原指标相关系数矩阵相应的特征值 λ_i，每一个主成份的组合系数：

$$a_i' = (a_{1i}, \ a_{2i}, \ \cdots, \ a_{hi})$$

就是相应特征值 λ_i 所对应的单位特征向量 α_i。方差的贡献率为 $l_i = \lambda_i / \sum_{i=1}^{p} \lambda_i$，$l_i$ 越大，说明相应的主成份反应综合信息的能力越强。

3. 主成份分析的步骤。

（1）计算协方差矩阵。计算样本协方差矩阵：$\sum = (s_{ij})_{h \times h}$，其中：

$$s_{ij} = \frac{1}{n-1} \sum_{k=1}^{n} (X_{ki} - \bar{X}_i)(X_{kj} - \bar{X}_j) \qquad i, j = 1, 2, \cdots, h$$

（2）求出 $\sum$ 的特征值及相应的特征向量。求出协方差矩阵 $\sum$ 的特征值 $\lambda_1 \geqslant \lambda_2 \geqslant, \cdots, \lambda_h > 0$ 及相应的正交化单位特征向量：

$$\alpha_1 = \begin{pmatrix} a_{11} \\ a_{21} \\ \vdots \\ a_{h1} \end{pmatrix}, \ \alpha_2 = \begin{pmatrix} a_{12} \\ a_{22} \\ \vdots \\ a_{h2} \end{pmatrix}, \ \cdots, \ \alpha_h = \begin{pmatrix} a_{1h} \\ a_{2h} \\ \vdots \\ a_{hh} \end{pmatrix}$$

则 X 的第 i 个主成份为 $F_i = a_i' X \qquad i = 1, 2, \cdots, h$

（3）选择主成份。在已确定的全部 h 个主成份中合理选择 m 个来实现最终的评价分析。一般用方差贡献率 $a_i = \lambda_i / \sum_{k=1}^{h} \lambda_k$ 来解释主成份 F_i 所反映的信息量的大小，m 的确定以累计贡献率 $G(m) = \sum_{i=1}^{m} \lambda_i / \sum_{k=1}^{h} \lambda_k$ 达到足够大（一般在85%以上）为原则。

（4）计算主成份得分。计算 n 个样品在 m 个主成份上的得分：

$$F_i = a_{1i} X_1 + a_{2i} X_2 + \cdots + a_{hi} X_h \qquad i = 1, 2, \cdots, m$$

（5）标准化。实际应用时，碰到指标的量纲不同时，在主成份计算之前应先消除量纲的影响。消除数据的量纲有很多方法，常用的方法是将原始数据标准化，该方法和聚类分析中介绍的完全一样，在此不再累叙。标准化后变量的协方差矩阵（Covariance Matrix）$\sum (s_{ij})_{h \times h}$，即原变量的相关系数矩阵（Covariance Matrix）$R = (r_{ij})_{h \times h}$。

（二）因子分析

因子分析（Factor Analysis）是主成份分析的推广和发展，也是多元统计分析中一种数据简化的技术。它通过研究众多变量之间的内部依赖关系，探求观测数据中的基本结构，并用少数几个假想变量来表示其基本的数据结构。原始的变量是可观测的显在变量，而假想变量是不可观测的潜在变量，称为因子。

主成份分析和因子分析是有区别的，主成份分析是将主成份表示为原始变量的线性组合，而因子分析是将原始变量表示为公因子和特殊因子的线性组合，用假设的公因子来解释相关阵的内部依赖关系。简单地说，因子分析是研究如何以最少的信息丢失将众多原有变量浓缩成少数几个具有一定命名解释性的因子（因素），并根据原始变量与因子的关系以及因子得分进行分析、评价的多元统计分析方法。将这一思想用数学模型来表示如下：

1. 正交因子分析模型。设 p 个可能存在相关关系的测试变量 X_1，$\cdots$，X_p 含有 m 个独立的公共因子 F_1，F_2，$\cdots$，$F_m(m \leqslant p)$，测试变量 X_i 含有独特因子 $\varepsilon_i(i = 1, 2, \cdots, p)$，诸 ε_i 间互不相关，且与 F_1，F_2，$\cdots$，F_m 也互不相关，每个 X_i 可由 p 个公共因子和自身对应的独特因子 ε_i 线性表示出：

$$
\begin{cases}
X_1 = a_{11}F_1 + a_{12}F_2 + \cdots + a_{1m}F_m + \varepsilon_1 \\
X_2 = a_{12}F_1 + a_{22}F_2 + \cdots + a_{2m}F_m + \varepsilon_2 \\
\qquad\qquad\qquad \vdots \\
X_p = a_{p1}F_1 + a_{p2}F_2 + \cdots + a_{pm}F_m + \varepsilon_p
\end{cases}
$$

用矩阵表示：

$$
\begin{bmatrix} X_1 \\ X_2 \\ \vdots \\ X_p \end{bmatrix} = \begin{bmatrix} a_{11} & a_{12} & \cdots & a_{1m} \\ a_{21} & a_{22} & \cdots & a_{2m} \\ \vdots & \vdots & \ddots & \vdots \\ a_{p1} & a_{p2} & \cdots & a_{pm} \end{bmatrix} \begin{bmatrix} F_1 \\ F_2 \\ \vdots \\ F_m \end{bmatrix} + \begin{bmatrix} \varepsilon_1 \\ \varepsilon_2 \\ \vdots \\ \varepsilon_p \end{bmatrix} \quad (m < p)
$$

简记为 $\underset{(p \times 1)}{X} = \underset{(p \times m)}{A} \cdot \underset{(m \times 1)}{F} + \underset{(p \times 1)}{\varepsilon}$，且满足：

（Ⅰ）$m \leqslant p$

（Ⅱ）$\mathrm{cov}\,(F, \varepsilon) = 0$（即 F 与 ε 是不相关的）

（Ⅲ）$E(F) = 0$，$\mathrm{cov}(F) = \begin{pmatrix} 1 & \cdots & 0 \\ \vdots & \ddots & \vdots \\ 0 & \cdots & 1 \end{pmatrix}_{m \times m} = I_m$

即 F_1，F_2，$\cdots$，F_m 不相关，且方差皆为 1，均值皆为 0。

（Ⅳ）$D(\varepsilon) = \mathrm{diag}(\sigma_1^2, \sigma_2^2, \cdots, \sigma_p^2)$，即 ε_1，ε_2，$\cdots$，ε_p 互不相关，方差不一定相等，$\varepsilon_i \sim N(0, \sigma_i^2)$。且都是标准化的变量，假定 X_1，$\cdots$，X_p 也是标准化的，但并不相互独立。

式中 A 称为因子负荷矩阵，其中 a_{ij} 表示第 i 个变量（X_i）在第 j 个公共因子 F_j 上的负荷，简称因子负荷，如果把 X_i 看成 p 维因子空间的一个向量，则 a_{ij} 表示 X_i 在坐标轴 F_j 上的投影。因子分析的目的就是通过模型，以 F 代 X，由于一般有 $m \leqslant p$，从而达到简化变量维数的愿望。

2. 因子分析模型中的几个重要结论。因子分析数学处理的最后结果通常以因子负荷矩阵的形式给出，这个矩阵的一般形式如表 5 - 1 所示。

根据模型的假定（Ⅰ）~ 假定（Ⅳ）可以证明有如下结论：

结论 1 因子负荷 a_{ij} 是 X_i 与 F_j 的相关系数，即 $a_{ij} = \rho_{X_iF_j}$。即载荷矩阵中第 i 行，第 j 列的元素是 a_{ij} 第 i 个变量与第 j 个公共因子的相关系数，反映了第 i 个变量与第 j 个公共因子的相关程度 $|a_{ij}| \leqslant 1$，绝对值越大，相关程度越高。在这种意义上公共因子解释了观测变量间的相关性。

表 5 –1　　　　　　　　　　　　因子负荷矩阵的一般格式

测试变量	因子负荷量				公共度（h^2）
	因子 1	因子 2	$\cdots$	因子 m	
1	a_{11}	a_{12}	$\cdots$	a_{1m}	$h_1^2 = \sum\limits_{j=1}^{m} a_{1j}^2$
2	a_{21}	a_{22}	$\cdots$	a_{2m}	$h_2^2 = \sum\limits_{j=1}^{m} a_{2j}^2$
$\vdots$	$\vdots$	$\vdots$	$\vdots$	$\vdots$	$\vdots$
p	a_{p1}	a_{p2}	$\cdots$	a_{pm}	$h_p^2 = \sum\limits_{j=1}^{m} a_{pj}^2$
平方和	$S_1^2 = \sum\limits_{i=1}^{p} a_{i1}^2$	$S_2^2 = \sum\limits_{i=1}^{p} a_{i2}^2$	$\cdots$	$S_m^2 = \sum\limits_{i=1}^{p} a_{im}^2$	$\sum\limits_{i=1}^{p} h_i^2 = \sum\limits_{j=1}^{m} s_j^2 = \sum\limits_{i} \sum\limits_{j} a_{ij}^2$

结论 2　$\rho_{X_i X_j} = \sum\limits_{k=1}^{m} a_{ik} a_{jk}$（即 $X_i X_j$ 的相关系数为矩阵 A 中第 i，j 两行向量之内积）

结论 3　矩阵 A 中第 i 行平方和记为 $h_i^2 = \sum\limits_{k=1}^{m} a_{ik}^2$ 称为变量 X_i 的共同度（$i = 1$，2，$\cdots$，p）对 $X_i = a_{i1}F_1 + \cdots + a_{im}F_m + \varepsilon_i$ 两边求方差：

$$\mathrm{Var}(X_i) = \mathrm{Var}\left(\sum\limits_{t=1}^{m} a_{it} F_t + \varepsilon_i\right) = \sum\limits_{t=1}^{m} a_{it}^2 \mathrm{Var}(F_t) + \mathrm{Var}(\varepsilon_i) = h_i^2 + \sigma_i^2$$

上式表明，X_i 的方差由两部分组成，第一部分是全部公共因子对变量 X_i 的总方差所作出的贡献，称为公因子方差；第二部分是由特定因子 ε_i 产生的方差，它仅与变量 X_i 有关，反映了变量 X_i 方差中不能由全部因子解释说明的部分，称为剩余方差。

显然，若 h_i^2 大，σ_i^2 必小。而 h_i^2 大就表明 X_i 对公因子的共同依赖程度大，设 $\mathrm{Var}(X_i)$ $=1$，即所有的公共因子和特殊因子对变量 X_i 的贡献为 1。如果 h_i^2 非常靠近 1，则 σ_i^2 非常小，此时因子分析的效果好，从原变量空间到公共因子空间的转化性质好。可见 h_i^2 反映了变量 X_i 对公共因子 F 的依赖程度，故称 h_i^2 为变量 X_i 的共同度。

结论 4　$A = (a_{ij})$ 中，第 j 列的平方和（$j = 1$，$\cdots$，p）$S_j^2 = \sum\limits_{k=1}^{p} a_{kj}^2$ 代表公共因子 F_j 对所有原始变量 X_1，$\cdots$，X_p 提供的方差贡献总和。

由上可知：S_j^2 是衡量公因子 F_j 相对重要性的指标。

百分比：$S_j^2 \Big/ \sum\limits_{i=1}^{p} D(X_i) = \dfrac{S_j^2}{p} \times 100\%$ 表示 F_j 对所有测试变量的方差贡献率，其越大，F_j 就越重要，一般选择几个公因子，就看所有公因子的方差贡献率之和（称为累计方差贡献率）达到我们预想的百分比有几个公因子。

以上是对正态因子模型导出的因子负荷矩阵作分析的全部依据，在实用中，我们得到的仅是各 X_j 的一个容量为 n 的观测值，然后求出 $X' = X_1$，$\cdots$，X_p 的样本相关系数矩阵 R 用 R 估计总体 X 的相关系数，导出因子负荷阵，故称为 R 型因子分析。

3. 因子载荷矩阵的估计方法。在因子模型中要确定公共因子，首先要估计因子载荷 a_{ij} 和特殊方差 σ_i^2。由 $X = AF + \varepsilon$ 易得出 $\sum = AA' + D$。其中，$\sum = D(X)$ 为 X 的协方差阵可由样本协方差阵 S 估计，而 $A = (a_{ij})$（$p \times m$）与 $D = \mathrm{diag}(\sigma_1^2, \sigma_2^2, \cdots, \sigma_p^2)$（$p$ 阶对角阵）为待估参数，常用估计方法有主成份法，主因子法和最大似然法。

（1）主成份法。设 $\lambda_1 \geqslant \lambda_2 \geqslant \cdots \geqslant \lambda_p \geqslant 0$ 与 $u_1, u_2, \cdots, u_p$ 为样品协方差阵 S 的特征值和对应的标准化特征向量，当最后 $p - m$ 个特征值较小时，S 近似地分解为：

$$
S \approx U \begin{bmatrix} \lambda_1 & & & \\ & \lambda_2 & & \\ & & \ddots & \\ & & & \lambda_m \end{bmatrix} U' + D
$$

$$
= (\sqrt{\lambda_1}u_1, \ \sqrt{\lambda_2}u_2, \ \cdots, \ \sqrt{\lambda_m}u_m) \begin{pmatrix} \sqrt{\lambda_1}u_1' \\ \sqrt{\lambda_2}u_2' \\ \vdots \\ \sqrt{\lambda_m}u_m' \end{pmatrix} + \begin{bmatrix} \sigma_1^2 & & & \\ & \sigma_2^2 & & \\ & & \ddots & \\ & & & \sigma_p^2 \end{bmatrix}
$$

$$
= AA' + D
$$

式中，$A = (\sqrt{\lambda_1}u_1, \ \sqrt{\lambda_2}u_2, \ \cdots, \ \sqrt{\lambda_m}u_m) = (a_{ij})$ 为 $p \times m$ 矩阵，令 $\sigma_i^2 = S_{ii} - \sum_{k=1}^{m} a_{ik}^2$，即得因子模型的一个解。载荷矩阵 A 中的第 i 列和 X 的第 j 个主成份的系数相差一个倍数 $\sqrt{\lambda_j}$（$j = 1, 2, \cdots, m$），故这个称为主成份解。

（2）主因子法。主成份法有个假定，认为特殊因子不重要，从而分解中忽略了特殊因子的方差。作为对主成份法的修正，首先对特殊因子方差的进行初始估计 $(\hat{\sigma}_i^*)^2$（变量共同度 h_i^2 常用的初始化方法有的取第 i 个变量与其他所有变量的多重相关系数的平方、有的取第 i 个变量与其他变量相关系数绝对值的最大值或者就取 1，它等价于主成份解）。设 $R = AA' + D$，则 $R^* = R - D = AA'$ 称为约相关矩阵，变量共同度的估计为 $(h_i^*)^2 = 1 - (\hat{\sigma}_i^*)^2$。则 R^* 对角线上的元素是 $(h_i^*)^2$，即：

$$
R^* = \begin{bmatrix} (h_1^*)^2 & r_{12} & \cdots & r_{1p} \\ r_{21} & (h_2^*)^2 & \cdots & r_{2p} \\ \vdots & \vdots & \ddots & \vdots \\ r_{p1} & r_{p2} & \cdots & (h_p^*)^2 \end{bmatrix}
$$

计算 R^* 的特征值和特征向量，取前 m 个正特征值 $\lambda_1^* \geqslant \lambda_2^* \geqslant \cdots \geqslant \lambda_p^* > 0$，相应的特征向量为 $u_1^*, u_2^*, \cdots, u_p^*$，则有近似分解式：

$$
R^* = AA'
$$

式中，令 $A = (\sqrt{\lambda_1^*}u_1^*, \ \sqrt{\lambda_2^*}u_2^*, \ \cdots, \ \sqrt{\lambda_m^*}u_m^*)$，令 $(\hat{\sigma}_i^*)^2 = 1 - \sum_{k=1}^{m} a_{ik}^2$（$i = 1, \cdots,$

p）则 A 和 D 为因子模型的一个解，这个称为主因子解。在实际中特殊因子方差是未知的，以上在初始化条件下得到的解是近似解，为了得到近似程度最好的解，常常采用迭代主因子法，即利用上面得到的 $D^* = \mathrm{diag}(\hat{\sigma}_1^2, \cdots, \hat{\sigma}_p^2)$ 作为特殊因子方差的初始估计，重复上述步骤，直到解稳定为止。

（3）最大似然法。设 p 维观测向量 $X_{(1)}, \cdots, X_{(n)}$ 为来自正态总体 $N_p(\mu, \sum)$ 的随机样本，则样本似然函数为 μ，$\sum$ 的函数 $L(\mu, \sum)$。设 $\sum = AA' + D$，取 $\mu = \bar{X}$ 则似然函数变为 A，D 的函数：$\phi(A, D)$，求 A，D 使 φ 达最大。加上条件：$A'D^{-1}A = $ 对角阵，确保最后解唯一，用迭代法可求得 A，D 的最大似然估计 $\hat{A}$ 和 $\hat{D}$。

4. 因子旋转（正交变换）。得出模型估计后，需要对公共因子的意义进行解释，以便对实际问题进行科学的分析。所谓因子旋转就是将因子载荷矩阵 A 右乘一个正交矩阵 T 后得到一个新的矩阵 A^*。它并不影响变量 X_i 的共同度 h_i^2，却会改变因子的方差贡献 q_j^2，因子旋转通过改变坐标轴，能够重新分配各个因子解释原始变量方差的比例，使因子更易于理解。

因子模型：$X = AF + \varepsilon$，设 T 为正交阵，则因子模型可变换为：

$$X = ATT'F + \varepsilon = A^* F^* + \varepsilon$$

其中，$A^* = AT$，$F^* = T'F$，易知，$\sum = AA' + D = A^* A^{*\prime} + D$（其中 $A^* = AT$）。这说明，若 A，D 是一个因子解，任给正交阵 T，$A^* = AT$，D 也是因子解。在这个意义下，因子解是不唯一的。由于因子载荷阵是不唯一的，所以可对因子载荷阵进行旋转。目的是使因子载荷阵的结构简化，使载荷矩阵每列或行的元素平方值向 0 和 1 两极分化，这样的因子便于解释和命名。

有三种主要的正交旋转法：四次方最发法、方差最大法和等量最大法。如果两种旋转模型导出不同的解释，这两种解释不能认为是矛盾的。倒不如说是看待相同的事物的两种不同方法，是在公因子空间中的两个不同点。在统计意义上，所有旋转都是一样的，即不能说一些旋转比另一些旋转好。因此，在不同的旋转方法之间进行的选择必须根据非统计观点，通常选择最容易解释的旋转模型。

5. 因子得分。因子分析是将变量表示为公共因子的线性组合。反过来，将公共因子表示为变量的线性组合，即因子得分可看作各变量值的加权（$\beta_{j1}, \beta_{j2}, \cdots, \beta_{jp}$）总和，权数的大小表示了变量对因子的重要程度。于是有：

$$F_j = \beta_{j1} X_1 + \beta_{j2} X_2 + \cdots + \beta_{jp} X_p, \quad (j = 1, 2, \cdots, k)$$

上式称为因子得分函数。由于因子个数 k 小于原有变量个数 p，故式中方程的个数少于变量的个数。因此只能采用最小二乘法的回归法进行估计。可将上式看作是因子变量 F_j 对 p 个原有变量的线性回归方程（其中常数项为 0）。可以证明，式中回归稀释的最小二乘估计满足：

$$B_j = A_j' R^{-1}$$

式中，$B_j = (\beta_{j1}, \beta_{j2}, \cdots, \beta_{jp})$；$A_j' = (a_{1j}, a_{2j}, \cdots, a_{pj})$ 为第 1，2，$\cdots$，p 个变量在第 j 个因子上的因子载荷；R^{-1} 为原有变量的相关系数矩阵的逆矩阵。

二、实验软件平台

（一）Princomp 过程

Princomp 过程主要完成以下工作：①计算简单统计量，相关阵或协方差阵，从大到小排序的特征值和相应特征向量，每个主成份解释的方差比例，累计比例等。②由特征向量得出相应的主成份，用少数几个主成份代替原始变量，并计算主成份得分。③主成份的个数、主成份的名字以及主成份得分是否标准化均可由用户自己规定。④输入数据集可以是原始数据集、相关阵、协方差阵等。输入为原始数据时，还可以规定从协方差阵出发还是从相关阵出发进行分析，由协方差阵出发时方差大的变量在分析中起到更大的作用。⑤该过程还可生成两个输出数据集：一个包含原始数据及主成份得分，它可作为主成份回归和聚类分析的输入数据集；另一个包含有关统计量，类型为 Type = Corr 或 Cov 的输出集，它也可作为其他过程的输入 SAS 集。

Princomp 过程的常用格式如下：

proc princomp <选项列表>；

var 变量列表；

［weight 变量列表;］

［freq 变量列表;］

［partial 变量列表;］ /* 分析偏相关矩阵或偏协方差矩阵* /

［by 变量列表;］

run；

其中：

（1）Proc Princomp 语句用来规定输入、输出和一些运行选项，其选项及功能见表5－2。

表5－2   **Proc Princomp 语句的选项**

DATA =	输入数据集，可以是原始数据集，也可以是 TYPE = CORR 或 COV 得数据集
OUT =	输出包含原始数据集和主成份得分的数据集
OUTSTAT =	统计量输出数据集
COVARIANCE｜COV	要求从协方差阵出发计算主成份，默认为从相关阵出发计算
NOINT	规定在模型中不使用截距项
N =	要计算的主成份的个数，默认时全部计算
STANDARD｜STD	要求在 OUT = 的数据集中把主成份得分标准化为单位方差。默认时主成份得分的方差为相应特征值
PREFIX	主成份名字的前缀，默认时为 PRIN1，PRIN2，…

（2）Var 语句指定用于主成份分析的变量，变量必须为数值型（区间型）变量。默认

使用 Data = 输入数据集中所有数值型变量进行主成份分析。

（二）Factor 过程

SAS 的 Factor 过程可以进行因子分析、分量分析和因子旋转。对因子模型可以使用正交旋转和斜交旋转，可以用回归法计算得分系数，同时把因子得分的估计存储在输出数据集中，用 Factor 过程计算的所有主要统计量也能存储在输出数据集中。

Factor 过程用法很简单，主要使用如下语句：

proc factor data = ＜数据集＞ out = ＜数据集＞ ＜选项＞；

var ＜原始变量＞；

［pariors ＜共性值列表＞；］

［partial ＜变量列表＞；］

［freq ＜变量＞；］

［weight ＜变量＞；］

［by ＜变量＞；］

run；

1. Froc Factor 语句。Proc Factor 语句标志着 Factor 过程的开始，同时还可通过设置其他语句定义数据集、指定具体分析方法和过程等。可设置的选项及其功能如下：

Out = ：指定输出数据集，其中包含输入数据集的数据，分析结果因子 1、因子 2、……及估计的因子的得分。使用此选项时，需求所定义的输入数据集必须是多变量数据，而非相关阵或协方差阵。同时，还需要用 Nfactors = 选项规定因子个数。如果使用了 Partial 语句，Out = 语句无效。

Method（m）= ：指定因子提取的方法，默认的方法为 Method = Principal。当输入数据的格式为 Type = Factor 时，系统默认值为 Method = Pattern。可选择的方法有：Prinp（主成份法）、Print（主因子法）、Mlm（最大似然法）、Alpha、Image｜i、Pattern、Score、Uls｜u。Priors ：指定计算共性方差初始估计值的方法，也可使用 Priors 语句指定一个数值。

Mineigen（Mn）= ：指定程序要保留的因子的最小特征值。如果指定了 Mineigen = ，Nfactors = 和 Proportion = 中的两个或者两个以上的选项，那么，保留的因子数为满足所有条件的最小数目。该选项不能与 Method = Patfern 或 Method = Score 联用。不允许使用负数，一般情况下默认值为 0。

Nfactors（Nfact、n）= ：规定因子个数的上限。默认值是所有被分析变量的个数。

Proportion（Percent、p）= ：指定公因子最少能解释的变量变异数的百分比。如果指定的数值大于 1，则程序认为是百分数，因而用 100 去除，Proportion = 075 和 Percent = 75 是等价的。该选项不能与 Method = Patyern 或 Method = Score 联用。

Rconverge = ：为旋转循环指定收敛标准。当函数值的变化小于该标准值，停止旋转。

Riter = ：指定因子旋转的最大次数。除了 Promax 和 Procruste，其他所有旋转方法均可使用 Riter = 选项。默认值为 100 和变量数的 10 倍两者之间的最大值。

Rotate = ：指定因子旋转的方法，默认值为 None。具体选项有：Varimax（正交方差最大旋转）、Orthomax（最大正交旋转）、Eouamax（正交均方最大旋转）、Quartimax（正交四次方最大旋转）、Parsimax（正交 Parsimax 旋转）等。

Proc Factor 语句后面还有控制打印输出的选项：

All：显示除图以外的所有分析结果。

Corr：显示相关系数阵或偏相关系数阵。

Eigenvectors：显示相关阵的特征向量，该相关阵的对角元素已经被共性方差替代。

Noprinr：不显示输出结果。

Nplot =：指定绘因子图的因子个数。默认值为所有因子的总数，最小值为 2。如果指定该选项为 Nplot = n，怎样显示前 n 个重要因子的两两因子图，共产生 n（n - 1）/2 个因子图。

Reorder：重新排列因子系数阵列，是那些在第一椅子上载荷量最大的变量排在第一列，其他按从大到小的顺序排列，便于因子含义的解释。输出数据集中的变量顺序不变。

Residuals：显示残差相关阵及相应的偏相关。

Score：显示因子得分系数。

Nocorr：当设定 Method = Pattern 时，规定输出数据选项 Outstat = 中不包含相关阵。当变量很多而因子很少时，该选项可明显减少计算机负荷。

Nobs =：指定观察个数。当输入数据时原始数据时，系统默认的值为数据中的观察数。该选项设置可改变系统的默认值。当输入数据为相关阵或协方差阵时，可通过该语句或在指定输入数据集语句 Data = 中加 A_TYPE_ = 来定义观察个数。

通常只需要 Var 语句作为 Proc Factor 语句的附加选项，其余均可省略。

2. Partial 语句。如果想将因子分析建立在偏相关阵或协差阵的基础上，可用 Partial 语句，以便程序将 Partial 语句列出的变量的效果从整体分析中划分出来

3. Prior 语句。Prior 语句为每一个变量指定一个 0.0 ~ 1.0 的初始共性方差估计值。第一个数值对应于 Var 语句中的第一个变量，第二个数值对应第二个变量，以此类推。给出的数值个数必须与变量个数相等。可以用 Proc Factor 语句中的"Priors ="选项指定各种共性方差估计方法。

（三）Proc Score 得分过程

Factor 过程的输出结果包括特征值情况、因子载荷、公因子解释比例等。为了计算因子得分，一般在 Proc Factor 语句中加一个 Score 选项和"Outstat = 输出数据集"选项，然后用如下的得分过程计算公因子得分：

proc score data = <原始数据>

score = <factor 过程的输出数据集>

out = <得分输出数据集>；

var <用来计算得分的原始变量集合>；

run；

Score 过程用于计算两个 SAS 数据集的乘积值，一个是系数集（如因子得分系数或回归系数）而另一个是利用第一个数据集的系数计算得分的原始数据。两个 SAS 数集乘积的结

果是生成一个包含由系数和原始数据的线性组合（即得分）的 SAS 数据集。

三、具体实验要求

1. 实验目的：主成份分析是将多指标化为少数几个综合指标的一种统计方法，在实际问题中，研究多指标的问题是经常遇到的问题，多变量彼此之间存在一定的关联性，信息产生重叠。主成份分析和因子分析就是一种降维的思想。本实验就主成份分析和因子分析的基本用法进行练习，锻炼学生动手用这些方法解决实际问题。

2. 实验要求及学时：实验形式（个人）；实验学时数 4。

3. 实验环境及材料：（使用的软件系统、实验设备、主要仪器、材料等）

装有版本为 8.1 以上的 SAS 系统的个人电脑（每人 1 台）。

4. 实验内容：运用 Princomp 和 Factor 过程进行主成份分析与因子分析。

5. 实验方法和操作步骤

（1）导入整理主成份分析的数据。／＊数据说明：在某中学随机抽取 30 名学生，测量其身高 X_1、体重 X_2、胸围 X_3 和坐高 X_4 ＊／

data clh;

input numberx1－x4 @@;

cards;

1	148	41	72	78	2	139	34	71	76
3	160	49	77	86	4	149	36	67	79
5	159	45	80	86	6	142	31	66	76
7	153	43	76	83	8	150	43	77	79
9	151	42	77	80	10	139	31	68	74
11	140	29	64	74	12	161	47	78	84
13	158	49	78	83	14	140	33	67	77
15	137	31	66	73	16	152	35	73	79
17	149	47	82	79	18	145	35	70	77
19	160	47	74	87	20	156	44	78	85
21	151	42	73	82	22	147	38	73	78
23	157	39	68	80	24	147	30	65	75
25	157	48	80	88	26	151	36	74	80
27	144	36	68	76	28	141	30	67	76
29	139	32	68	73	30	148	38	70	78

;

run;

（2）进行主成份分析。

proc princomp data＝clh prefix＝z out＝lwh;

varx1－x4;

```
run;
options ps = 32  ls = 85;
proc plot data = lwh;
plot z2* z1  $  number = '* '/href = - 1  href = 2  vref = 0;
run;
proc sort data = lwh;
by z1;
run;
proc print data = lwh;
var number z1 z2 x1 ⁻ x4;
run;
```

这步结果见表 5 - 3、表 5 - 4、图 5 - 1，结果分析：从上面的分析结果得出，第一主成份的贡献率已高达 88.53%；且前面在各主成份的累积贡献率已达 96.36%。因此只需用两个主成份就能很好地概括这组数据。由最大的两个特征值对应的特征向量可以写出第一和第二主成份：

$$F_1 = 0.4970X_1 + 0.5146X_2 + 0.4809X_3 + 0.5069X_4$$
$$F_2 = -0.5432X_1 + 0.2102X_2 + 0.7246X_3 - 0.3683X_4$$

根据表 5 - 4 的主成份得分值，利用特征向量各分量的值可以对各主成份进行解释。第一个特征值对应的第一个特征向量的各个分两均在 0.5 附近，且都是正值，它反映中学生的魁梧程度，从上面的得分我们也能看出这点，所以把第一个主成份称为大小因子，第二个特征向量中第一分量和第四分量为负（身高和坐高），第二个和第三个分量为正值（体重和胸围），所以它反映学生的胖瘦，称为体型因子。下面作出它们的散点图，可以看到根据大小来看 30 个学生可以分为三种水平。

表 5 - 3　　　　　　　　　　　相关阵的特征值和特征向量

	The Princcomp Procedure			
	Eigenvalues of the Correlation Matrix			
	Eigenvalue	Difference	Proportion	Cumulative
1	3. 54109800	3. 22771484	0. 8853	0. 8853
2	0. 31338316	0. 23397420	0. 0783	0. 9636
3	0. 07940895	0. 01329906	0. 0199	0. 9835
4	0. 06610989		0. 0165	1. 0000
	Eigenvectors			
	z1	z2	z3	z4
x1	0. 496966	− 0. 543213	− 0. 449627	0. 505747
x2	0. 514571	0. 210246	− 0. 462330	− 0. 690844
x3	0. 480901	0. 724621	0. 175177	0. 461488
x4	0. 506928	− 0. 368294	0. 743908	− 0. 232343

（3）导入整理因子分析的数据。

表 5 - 4   **30 个同学在两个主成份上的得分**

obs	number	z1	z2	x1	x2	x3	x4
1	11	− 2.78973	− 0.34290	140	29	64	74
2	15	− 2.76619	0.31256	137	31	66	73
3	29	− 2.36394	0.47796	139	32	68	73
4	10	− 2.32489	0.35918	139	31	68	74
5	28	− 2.12466	− 0.13502	141	30	67	76
6	6	− 2.07044	− 0.31742	142	31	66	76
7	24	− 2.02249	− 0.77568	147	30	65	75
8	14	− 1.83494	− 0.04937	140	33	67	77
9	2	− 1.56845	0.70640	139	34	71	76
10	27	− 1.34958	− 0.02184	144	36	68	76
11	18	− 1.05587	0.06650	145	35	70	77
12	4	− 0.74720	− 0.79250	149	36	67	79
13	30	− 0.49442	− 0.14487	148	38	70	78
14	22	− 0.28226	0.35144	147	38	73	78
15	1	− 0.06873	0.23413	148	41	72	78
16	16	− 0.06286	− 0.20370	152	35	73	79
17	26	0.16092	− 0.04245	151	36	74	80
18	23	0.24728	− 1.23445	157	39	68	80
19	21	0.78286	− 0.16034	151	42	73	82
20	8	0.81196	0.76790	150	43	77	79
21	9	0.91893	0.57486	151	42	77	80
22	7	1.39717	0.05951	153	43	76	83
23	17	1.52946	1.67575	149	47	82	79
24	20	2.10474	− 0.02181	156	44	78	85
25	13	2.40148	0.16488	158	49	78	83
26	19	2.47936	− 0.95639	160	47	74	87
27	12	2.56467	− 0.20921	161	47	78	84
28	5	2.69362	− 0.01689	159	45	80	86
29	3	2.80006	− 0.38302	160	49	77	86
30	25	3.03410	0.05678	157	48	80	88

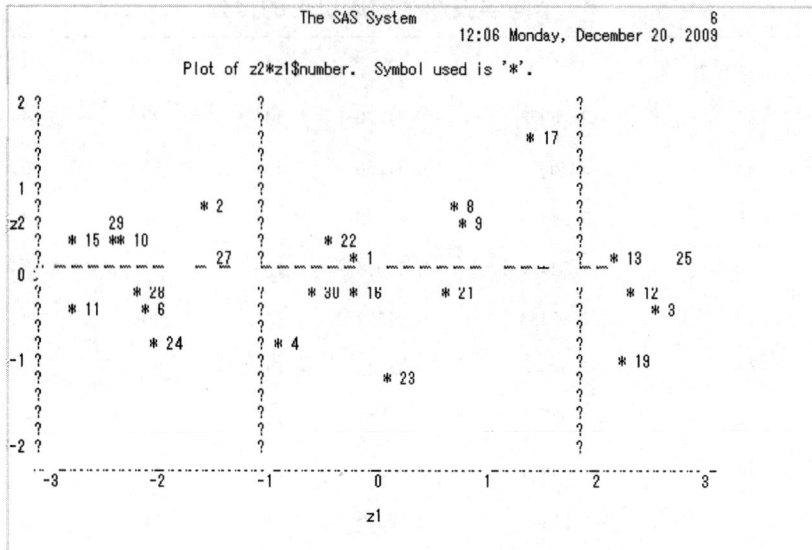

The SAS System　　　　　　12:06 Monday, December 20, 2009　　6

Plot of z2*z1$number. Symbol used is '*'.

图 5－1　第二主成份得分对第一主成份得分的散点图

/* 数据来源与 20 个盐泉的测量数据，下表是盐泉的水化学特征系数（x1－x7）*/
data liuku;
inputx1－x7;
n＝_n_;
cards;

11. 835	0. 480	14. 360	25. 210	25. 21	0. 810	0. 98
45. 596	0. 526	13. 850	24. 040	26. 01	0. 910	0. 96
3. 525	0. 086	24. 400	49. 300	11. 30	6. 820	0. 85
3. 681	0. 370	13. 570	25. 120	26. 00	0. 820	1. 01
48. 287	0. 386	14. 500	25. 900	23. 32	2. 180	0. 93
17. 956	0. 280	9. 750	17. 050	37. 20	0. 464	0. 98
7. 370	0. 506	13. 600	34. 280	10. 69	8. 800	0. 56
4. 223	0. 340	3. 800	7. 100	88. 20	1. 110	0. 97
6. 442	0. 190	4. 700	9. 100	73. 20	0. 740	1. 03
16. 234	0. 390	3. 100	5. 400	121. 50	0. 420	1. 00
10. 585	0. 420	2. 400	4. 700	135. 60	0. 870	0. 98
23. 535	0. 230	2. 600	4. 600	141. 80	0. 310	1. 02
5. 398	0. 120	2. 800	6. 200	111. 20	1. 140	1. 07
283. 149	0. 148	1. 763	2. 968	215. 86	0. 140	0. 98
316. 604	0. 317	1. 453	2. 432	263. 41	0. 249	0. 98
307. 310	0. 173	1. 627	2. 729	235. 70	0. 214	0. 99
322. 515	0. 312	1. 382	2. 320	282. 21	0. 024	1. 00
254. 580	0. 297	0. 899	1. 476	410. 30	0. 239	0. 93

| 304.092 | 0.283 | 0.789 | 1.357 | 438.36 | 0.193 | 1.01 |
| 202.446 | 0.042 | 0.741 | 1.266 | 309.77 | 0.290 | 0.99 |

;

run;

（4）进行因子分析。

proc factor data = liuku out = lwh Nfactors = 3 method = prin priors = one

rotate = varimax simple p = 0. 8 score outstat = zhouhm;

varx1 - x7;

run;

这步结果见表5 – 5、表5 – 6、表5 – 7，结果分析：从表5 – 5可以看出，取公因子的个数为3。表5 – 6给出了因子载荷矩阵，看Factor3的对应列中X_2的数值为0.89278较大外，其余都较小，表明可以用X_2来解释Factor3。由上面的载荷矩阵我们较容易得出：

$$X_1 = -0.7156\text{Factor1} + 0.5645\text{Factor2} + 0.04559\text{Factor3} + \varepsilon_1$$

它给出了变量X_1与公共因子Factor1，Factor2，Factor3及特殊因子ε_1的关系，其他类似。而且得出X_1变量共同度的估计，从而特殊因子方差的估计为：

$$\hat{\sigma}_1^2 = 1 - \hat{h}_1^2 = 1 - 0.8328 = 0.1672$$

表5 – 7为方差最大正交旋转后的因子载荷矩阵明显向0或1两极方向分化，这就大大有利于对公共因子进行解释。第一公共因子中的载荷正向集中于X_5和X_1，而负向集中于X_3和X_4，说明第一公共因主要由这四个变量解释。第二公共因子中的载荷正向集中于X_6、X_3和X_4，而负向集中于X_7，说明这个公共因子主要由这四个变量解释。第三公共因子更加明显看出集中在X_2。

表5 – 5　　　　　　　　　　　　　**相关阵的特征值**

	Eigenvalue	Difference	Proportion	Cumulative
	Eigenvalues of the Correlation Matrix：Total = 7　Average = 1			
1	4. 24441725	2. 99308584	0. 6063	0. 6063
2	1. 25133141	0. 33115056	0. 1788	0. 7851
3	0. 92018086	0. 48176599	0. 1315	0. 9166
4	0. 43841487	0. 32482565	0. 0626	0. 9792
5	0. 11358922	0. 08220625	0. 0162	0. 9954
6	0. 03138297	0. 03069954	0. 0045	0. 9999
7	0. 00068343		0. 0001	1. 0000

3 factors willbe retained by the Proportion criterion.

表 5－6   因子载荷矩阵及每个公共因子解释的方差

Factor Pattern

	Factor1	Factor2	Factor3
x1	−0.71560	0.56452	0.04559
x2	0.41233	−0.13191	0.89278
x3	0.90960	−0.06429	−0.17215
x4	0.94490	0.04843	−0.17493
x5	−0.83458	0.46939	0.04773
x6	0.82555	0.49675	−0.13428
x7	−0.68122	−0.66459	−0.20123

Variance Explained by Each Factor

Factor1	Factor2	Factor3
4.2444172	1.2513314	0.9201809

Final Communality Estimates：Total = 6.415930

x1	x2	x3	x4	x5	x6	x7
0.83283931	0.98448030	0.86113910	0.92578890	0.91912734	0.94632220	0.94623236

表 5－7   方差最大正交旋转后的因子载荷矩阵

The Factor Procedure

Rotation Method：Varimax

Orthogonal Transformation Matrix

	1	2	3
1	−0.73243	0.65025	0.20180
2	0.64251	0.75819	−0.11105
3	0.22521	−0.04832	0.97311

Rotated Factor Pattern

	Factor1	Factor2	Factor3
x1	0.89711	−0.03950	−0.16273
x2	−0.18570	0.12496	0.96663
x3	−0.74630	0.55104	0.02317
x4	−0.70036	0.65959	0.01507
x5	0.92361	−0.18910	−0.17409
x6	−0.31574	0.91993	−0.01924
x7	0.02662	−0.93712	−0.25948

（5）计算因子得分过程。

```
PROC SCORE DATA = liuku

SCORE = zhouhm

OUT = nihao;

varx1 - x7;

run;
```

/* 这个计算过程就是把上一步的一些关键结果输出到数据集 zhouhm 和 nihao 中* /

6. 实验报告要求。根据要求写出完整的实验报告，报告要有详细的软件操作过程，并要求有翔实的统计分析过程。实验报告的表述应具有可读性。语言阐述必须精确、通俗，在不损害规范性的前提下，尽可能使用简洁的语言。

7. 练习题。

（1）采用编程的方法，对表 5 - 8 中的数据进行主成份分析。

表 5 - 8

舒张压（xy）	145	135	120	110	120	130
年龄（age）	45	35	30	35	33	50
脉搏（次/s）	70	78	65	60	78	80

（2）对表 5 - 9 中的数据进行因子分析。

表 5 - 9

客户编号	x1	x2	x3	x4	x5
1	76.5	81.5	76	75.8	71.7
2	70.6	73	67.6	68.1	78.5
3	90.7	87.3	91	81.5	80
4	77.5	73.6	70.9	69.8	74.8
5	85.6	68.5	70	62.2	76.5
6	85	79.2	80.3	84.4	76.5
7	94	94	87.5	89.5	92
8	84.6	66.9	68.8	64.8	66.4
9	57.7	60.4	57.4	60.8	65
10	70	69.2	71.7	64.9	68.9

典型相关分析
（验证性实验）

一、实验原理

研究两组变量 $X = (X_1, \cdots, X_p)$ 与 $Y = (Y_1, \cdots, Y_q)$ 之间的相关性，是许多实际问题的需要。当 $p = q = 1$ 时，就是两个变量之间的简单相关分析问题，相关系数是最常见的度量；当 $p > 1$，$q = 1$ 时，就是一个因变量与多个自变量之间的多元相关分析问题，全相关系数就是用来度量这种相关关系的；当 $p > 1$，$q > 1$ 时，就是研究两组多变量之间的相关性，例如，研究体型 $X = (x_1$ 身高，x_2 体重，x_3 上臂围，x_4 胸围，x_5 坐高）与脉压 $Y = (y_1$ 脉率，y_2 收缩压，y_3 舒张压）的关系；原料质量指标 X_1，X_2，$\cdots$，X_p 与产品质量指标 Y_1，Y_2，$\cdots$，Y_q 的相关性；病人的各种临床症状与所患各种疾病之间的关系；正是在这些问题的背景下，产生了典型相关分析（canoni calcorrelation analysis）。

典型相关分析的概念与步骤。

典型相关分析（Canonical Correlation Analysis）利用综合变量的相关关系来反映两组指标之间的整体相关性的多元统计分析方法。

1. 典型相关分析的基本思想。典型相关分析沿用主成份的思想，在研究的两组变量 $X = (X_1, \cdots, X_p)$ 与 $Y = (Y_1, \cdots, Y_q)$ 中各自寻找一个综合变量（实际观测变量的线性组合）来代替原始观测变量组，从而将两组变量的关系集中到一对综合变量的关系上，整个问题转为两个变量之间的简单相关分析问题。当然这个综合变量除了要求所提到的综合变量所含的信息量尽可能大以外，提取时还要求两边提取出的这一对综合变量的相关性尽可能大，通过对这对综合变量之间相关性的分析，来回答两组原始变量间相关性的问题。有时候一对这样的综合变量代表还不充分，可以依照同样的思想找出第二对，第三对，依次类推。这些综合变量被称为典型变量，他们的相关系数则被称为典型相关系数。典型相关系数能简单、完整地描述两组变量间关系的指标。

2. 典型相关系数与典型相关变量。设 $X = (X_1, \cdots, X_p)'$，$Y = (Y_1, \cdots, Y_q)'$ 是两个随机向量。利用主成份思想寻找第 i 对典型相关变量 (U_i, V_i)：

$$U_i = a_{i1}X_1 + a_{i2}X_2 + \cdots + a_{ip}X_p = a_i'X$$

$$V_i = b_{i1}Y_1 + b_{i2}Y_2 + \cdots + b_{iq}Y_q = b_i'Y$$

其中，$i = 1, 2, \cdots, m = \min(p, q)$；称 a_i' 和 b_i' 为（第 i 对）典型变量系数或典型权重。

记第一个典型相关系数为：$canR_1 = corr(U_1, V_1)$（使 U_1 与 V_1 间最大相关）；第二个典型相关系数为：$canR_2 = corr(U_2, V_2)$（与 U_1, V_1 无关；使 U_2 与 V_2 间最大相关）；第 m 个典型相关系数为：$canR_m = corr(U_m, V_m)$（与 U_1, V_1, $\cdots$, U_{m-1}, V_{m-1} 无关；U_m 与 V_m 间最大相关）。

那么典型变量是如何求出来的呢？设两组变量：

$$X = (X_1, X_2, \cdots, X_p)^T, \quad Y = (Y_1, Y_2, \cdots, Y_q)^T,$$

记 $(X_1, X_2, \cdots, X_p, Y_1, Y_2, \cdots, Y_q)^T$ 的协方差阵为：

$$\sum = \begin{bmatrix} \sum_{11} & \sum_{12} \\ \sum_{21} & \sum_{22} \end{bmatrix}$$

并假定 $\sum_{11}$，$\sum_{22}$ 满秩，$p \leq q$。作第一对典型变量：

$$\begin{cases} U_1 = a_1^T X = a_{11}X_1 + a_{12}X_2 + \cdots + a_{1p}X_p \\ V_1 = b_1^T Y = b_{11}Y_1 + b_{12}Y_2 + \cdots + b_{1q}Y_q \end{cases}$$

得出它们的方差和协方差如下：

$$\begin{cases} \mathrm{Var}(U_1) = \mathrm{Var}(a_1^T X) = a_1^T \sum_{11} a_1 \\ \mathrm{Var}(V_1) = \mathrm{Var}(b_1^T Y) = b_1^T \sum_{22} b_1 \\ \mathrm{Cov}(U_1, V_1) = \mathrm{Cov}(a_1^T X, b_1^T Y) = a_1^T \sum_{12} b_1 \end{cases}$$

U_1 与 V_1 的相关系数：

$$\rho_{U_1, V_1} = \frac{a_1^T \sum_{12} b_1}{\sqrt{a_1^T \sum_{11} a_1} \cdot \sqrt{b_1^T \sum_{22} b_1}}$$

在 $a_1^T \sum_{11} a_1 = b_1^T \sum_{11} b_1 = 1$ 的约束下，求使其最大值的 a_1，b_1，ρ_{U_1, V_1} 称为第一典型相关系数。

这是条件极值的问题，用拉格朗日乘子法，令：

$$L(a_1, b_1) = a_1^T \sum_{12} b_1 - \frac{\lambda_1}{2}(a_1^T \sum_{11} a_1 - 1) - \frac{\lambda_2}{2}(b_1^T \sum_{11} b_1 - 1)$$

求偏导，并令其等于零得：

$$\begin{cases} \dfrac{\partial L}{\partial a_1} = \sum_{12} b_1 - \lambda_1 \sum_{11} a_1 = 0 \\ \dfrac{\partial L}{\partial b_1} = \sum_{21} a_1 - \lambda_2 \sum_{22} b_1 = 0 \end{cases}$$

实际上，我们容易得出 $\lambda_1 = \lambda_2 = \lambda = \rho_{U_1, V_1}$，对上式中第二式左乘 $\sum_{12} \sum_{22}^{-1}$ 并把结果代入第一式得：

$$\sum_{12} \sum_{22}^{-1} \sum_{21} a_1 - \lambda^2 \sum_{11} a_1 = 0$$

进一步化简得：

$$\left(\sum_{11}^{-1} \sum_{12} \sum_{22}^{-1} \sum_{21} - \lambda^2 I \right) a_1 = 0$$

上式有非零的充要条件是：

$$\left| \sum_{11}^{-1} \sum_{12} \sum_{22}^{-1} \sum_{21} - \lambda^2 I \right| = 0$$

到此我们就不陌生了，λ^2 是矩阵 $\sum_{11}^{-1} \sum_{12} \sum_{22}^{-1} \sum_{21}$ 的特征值，而 a_1 是它的特征向量。

3. 典型相关变量的性质。

① U_1，U_2，$\cdots$，U_m 与 V_1，V_2，$\cdots$，V_m 的相关系数有以下规律：

$$Corr(U_i, U_j) \text{ 或 } Corr(V_i, V_j) = \begin{cases} 1 & i = j \\ 0 & i \neq j \end{cases}$$

② 来自不同变量组的典型相关变量 U_i 和 V_j 之间的相关系数有以下性质：

$$Corr(U_i, V_j) = \begin{cases} CanR_i & i = j \\ 0 & i \neq j \end{cases}$$

③ U_i 和 V_i 的均值为 0，方差为 1（$i = 1, 2, \cdots, m$）；

④ $1 \geqslant CanR_1 \geqslant CanR_2 \geqslant \cdots \geqslant CanR_m \geqslant 0$；

4. 典型相关系数的求解步骤。

① 求 X，Y 变量组的相关矩阵 $R = \begin{bmatrix} R_{11} & R_{12} \\ R_{21} & R_{22} \end{bmatrix}$；

② 求矩阵 $A = (R_{11})^{-1} R_{12} (R_{22})^{-1} R_{21}$ 和 $B = (R_{22})^{-1} R_{21} (R_{11})^{-1} R_{12}$，可以证明 A、B 有相同的非零特征值；

③ 求 A 或 B 的特征值 λ_i 与 $CanR_i$，A 或 B 的特征值即为典型相关系数的平方：$\lambda_i = (CanR_i)^2$，$i = 1, 2, \cdots, m$；

④ 求 A、B 关于 λ_i 的特征向量。设 a_i 为 A 关于 λ_i 的特征向量，b_i 为 B 关于 λ_i 的特征向量，则 a_i' 和 b_i'（第 i 对）为典型变量系数。即第 i 对典型相关变量（U_i，V_i）：

$$U_i = a_i' X^* = a_{i1} X_1^* + a_{i2} X_2^* + \cdots + a_{ip} X_{ip}^*$$
$$V_i = b_i' Y^* = b_{i1} Y_{i1}^* + b_{i2} Y_{i2}^* + \cdots + b_{ip} Y_{ip}^*$$

$i = 1, 2, \cdots, m = \min (p, q)$；其中 x^*，Y^* 为原变量组的标准化。

5. 典型相关系数的假设检验。

典型相关系数的假设检验包括对全部总体典型相关系数的检验和对部分总体典型相关系数的检验。对数据的要求如下：

（1）两个变量组均应服从多维正态分布：$(X, Y) \sim N_{p+q} (\mu, \sigma)$。

（2）$n > p + q$。

1）全部总体典型相关系数为 0。

$H_0: CanR_i = 0$，$i = 1, 2, \cdots, m$

$H_1:$ 至少有一个 $CanR_i \neq 0$

检验的似然比统计量为

$$\Lambda_1 = \prod_{i=1}^{m} (1 - r_i^2)$$

对于充分大的 n，当 H_0 成立时，统计量

$$Q_1 = - \left[n - \frac{1}{2} (p + q + 3) \right] \ln \Lambda_1$$

近似服从自由度为 (pq) 的 χ^2 分布

2）部分总体典型相关系数为 0。

仅对较小的典型相关作检验：

$H_0: CanR_i = 0$，$i = 1, 2, \cdots, m$，$2 \leq s \leq m$

$H_1:$ 至少有一个 $CanR_i \neq 0$

其检验的统计量为

$$\Lambda_{k+1} = \prod_{i=k+1}^{m} (1 - r_i^2)$$

对于充分大的 n，当 H_0 成立时，统计量

$$Q_{k+1} = - \left[n - k - \frac{1}{2} (p + q + 3) + \sum_{i=1}^{k} r_i^{-2} \right] \ln \Lambda_{k+1}$$

近似服从自由度为 $(p - k)(q - k)$ 的 χ^2 分布。

求出典型变量及对应典型相关系数后，把具有显著意义的典型相关系数所对应的典型变量保留下来，并给予合理的解释，是典型相关分析做得好坏的关键。

二、实验软件平台

在 SAS 系统中，用 Cancorr 过程实现典型相关分析、偏典型相关分析和典型冗余相关分析，该过程还可以产生包含典型系数和典型变量得分的输出数据集。

Cancorr 过程。在 SAS 中典型相关分析使用 Cancorr 过程可以进行如下几个方面的

计算：

    （1）完成两组变量间的典型相关分析；

    （2）检验典型相关系数以及所有较小的典型相关系数是否为 0 的假设；

    （3）计算标准化和没有标准化的典型系数、典型变量和原始变量的相关分析，同时也可以进行典型冗余的分析；

    （4）对两组变量进行回归分析，也可以在偏相关阵基础上进行典型相关分析。

Cancorr 过程的一般语法格式如下：

proc cancorr <选项列表>；

with <变量列表>；

var <变量列表>；

partial <变量列表>；/* 当想基于偏相关阵进行典型分析时，使用该句* /

freq <变量列表>；

by <变量列表>；

run；

    其中 Proc Cancorr 语句、With 语句是必不可少的。下面分别介绍各语句的用法和功能。

    1）Proc Cancorr 语句：标示典型相关分析开始，语句中可设置的常用选项及其功能见表 6 - 1。

表 6 - 1   **常用选项及其功能**

EDF =	指定误差的自由度。EDF 数为有效的观察值减 1
DATA =	指定输入数据集的名字，可以使用原始数据集，或用 TYPE = CORR，COV，FACTOR，SSCP，UCORR，或者 UCOV 的数据集，如果省略则使用最新创建的数据集
OUT =	指定输出数据集的名字，输出包括原始数据及典型变量得分的数据集。当输入数据集的类型为 CORR，COV，FACTOR，SSCP，UCORR，或者 UCOV 时，就不能使用这个选项
OUTSTAT =	生成包含各种统计量的 SAS 数据集，包括经典相关系数和典型系数，以及要求的多元回归统计量
VNAME =	为来自 VAR 语句中分析变量的指定标签，作为标签的字符要用单引号引起来
WPREFIX	为来自 VAR 语句的典型变量指定前缀名，默认时命名为 V1，V2，V3 等
WNAME	为 With 语句中的分析变量指定标签，作为标签的字符要用单引号引起来
WPREFIX =	为 With 语句中的典型变量指定前缀名，默认为 W1，W2，W3 等控制输出的选项

    2）VAR 语句：列出要进行典型相关分析的第一组变量，变量必须是数值型的。如果 VAR 语句被忽略，所有未被其他语句提到的数值型变量都将被视为第一组变量。

    3）With 语句：列出要进行典型相关分析的第二组变量，变量必须是数值型的。该语句是每一个 Proc Cancorr 语句中必不可少的。

三、具体实验要求和步骤

1. 实验目的：典型相关分析是研究两组变量之间相关关系的一种统计方法。在实际问题中，经常遇到要研究一部分变量和另一部分变量之间的相关关系。所以本章用验证典型相关分析寻找邮电业和经济发展的深层次关系的实验来向学生引入如何运用典型相关分析来解决实际问题。

2. 实验要求及学时：实验形式（个人）；实验学时数 2。

3. 实验环境及材料：（使用的软件系统、实验设备、主要仪器、材料等）；装有版本为 8.1 以上的 SAS 系统的个人电脑（每人 1 台）。

4. 实验内容：运用 Cancorr 过程对邮电业和国民经济之间做典型相关分析（1995～2007 年我国国民经济数据）。

5. 实验方法和操作步骤。

（1）导入整理数据。

```
data lwh;
input year letters expressage mobile stationary industry agriculture architecture service;
cards;
```

1995	79.55	5562.7	362.9	4070.6	12135.8	24950.6	3728.8	19978.5
1996	78.68	7096.6	685.3	5494.7	14015.4	29447.6	4387.4	23326.2
1997	68.55	6878.9	1323.3	7031.0	14441.9	32921.4	4621.6	26988.1
1998	65.51	7331.8	2386.3	8742.1	14817.6	34018.4	4985.8	30580.5
1999	60.52	9091.3	4329.6	10871.6	14770.0	35861.5	5172.1	33873.4
2000	77.71	11031.4	8453.3	14482.9	14944.7	40033.6	5522.3	38714.0
2001	86.93	12652.7	14522.2	18036.8	15781.3	43580.6	5931.7	44361.6
2002	106.01	14036.2	20600.5	21422.2	16537.0	47431.3	6465.5	49898.9
2003	103.84	17237.8	26995.3	26274.7	17381.7	54945.5	7490.8	56004.7
2004	82.81	19771.9	33482.4	31175.6	21412.7	65210.0	8694.3	64561.3
2005	73.51	22880.3	39340.6	35044.5	22420.0	77230.8	10133.8	73432.9
2006	71.31	26988.0	46105.8	36778.6	24040.0	91310.9	11851.1	84721.4
2007	69.50	120189.6	54730.6	36563.7	28095.0	107367.2	14014.1	100053.5

```
;
run;
```

（2）典型相关分析。

```
proc cancorr data = lwh all;
var letters expressage mobile stationary;
with industry agriculture architecture service;
run;
```

结果见表 6-2、表 6-3。

表 6 - 2   两组变量之间的相关系数

					Correlations Between the VAR Variables and the WITH Variables			
	industry	agriculture	architecture	service
letters	– 0. 1094	– 0. 0677	– 0. 0740	0. 0226
expressage	0. 8016	0. 7943	0. 8021	0. 7662
mobile	0. 9703	0. 9818	0. 9801	0. 9922
stationary	0. 9280	0. 9399	0. 9360	0. 9677

表 6 - 3   **CANCORR 过程产生的典型相关分析的一般结果**

```
                    The SAS System        12:08 Monday, December 20, 2009    1
                  The CANCORR Procedure
                Canonical Correlation Analysis

                              Adjusted    Approximate      Squared
                    Canonical  Canonical    Standard      Canonical
                   Correlation Correlation    Error      Correlation
              1     0.998382   0.997697    0.000934       0.996766
              2     0.951195   0.938199    0.027490       0.904771
              3     0.443560   0.093297    0.231880       0.196745
              4     0.355672               0.252157       0.126503

                                        Test of H0: The canonical correlations in the
                 Eigenvalues of Inv(E)*H      current row and all that follow are zero
                  = CanRsq/(1-CanRsq)
                                         Likelihood Approximate
       Eigenvalue Difference Proportion Cumulative   Ratio    F Value Num DF Den DF Pr > F

  1    308.1901   298.6891    0.9689    0.9689  0.00021610    14.76    16  15.913 <.0001
  2      9.5011     9.2561    0.0299    0.9988  0.06681623     3.34     9  14.753 0.0196
  3      0.2449     0.1001    0.0008    0.9995  0.70164089     0.68     4      14 0.6182
  4      0.1448               0.0005    1.0000  0.87349719     1.16     1       8 0.3131


             Multivariate Statistics and F Approximations

                   S=4    M=-0.5    N=1.5

     Statistic                    Value    F Value   Num DF   Den DF   Pr > F

     Wilks' Lambda             0.00021610    14.76      16    15.913   <.0001
     Pillai's Trace            2.22478514     2.51      16       32    0.0131
     Hotelling-Lawley Trace  318.08092364    92.77      16      5.6    <.0001
     Roy's Greatest Root     308.19011051   616.38       4        8    <.0001
```

结果分析：表 6 - 3 给出了典型相关分析的一般结果。第一典型相关系数为 0. 998382，它比邮电业和国民经济两组间任一个相关系数都大。检验总体中所有典型相关均为 0 的原假设的概率水平为 <0. 0001（即 Pr > F 的值），故在 α = 0. 05 的显著性水平下，否定所有典型相关为 0 的假设。也就是至少有一个典型相关是显著的。从表 6 - 3 的第二部分可以看到，第二典型变量为 0 的原假设的概率水平为 0. 0196，故在 α = 0. 05 的显著性水平下，第二典型变量的典型相关作用也是显著的。

结果分析：表 6 - 4 给出了标准化的典型变量的系数。本来结果中间给出了原始的和标准化的典型变量系数，因为这些变量没有用相同单位测量，所以只能分析标准化后的系数。

表 6 – 4 　　　　　　　　Cancorr 过程产生的典型变量的系数

Canonical Correlation Analysis				
Standardized Canonical Coefficients for the VAR Variables				
	V1	V2	V3	V4
letters	– 0.0937	0.6235	0.0518	0.8595
expressage	0.1854	0.8529	2.3501	– 0.2824
mobile	0.4604	– 5.7458	– 6.4770	4.8858
stationary	0.4133	5.2421	4.7680	– 4.7945
Canonical Correlation Analysis				
Standardized Canonical Coefficients for the WITH Variables				
	W1	W2	W3	W4
industry	0.2992	0.4065	2.5932	– 7.7534
agriculture	– 0.2247	– 4.2792	– 37.4769	– 16.4288
architecture	0.2041	– 3.9784	32.4209	23.6535
service	0.7254	7.8310	2.4825	0.4984

来自邮电业的第一典型变量为：

var1 = – 0.0937 * letters + 0.1854 * exp ressage + 0.4604 * mobile + 0.4133 * stationary

在 letters 上系数近似为 0，在 mobile 和 stationary 上的权数更大，二者的影响相当，Expressage 的影响较小。

来自国民经济的第一典型变量为：

with1 = 0.2992 * industry – 0.2247 * agriculture + 0.2041 * architecture + 0.7254 * service

在 agriculture 上系数为 – 0.2247，说明农业的发展不利于邮电业的发展，在 industry 和 architecture 上二者的影响相当，service 的系数为 0.7254，说明服务业的发展最能推动邮电业发展。

表 6 – 5 中给出典型相关分析的典型结构，即原始变量和典型变量的相关系数。数据总的情况是从 1995 ~ 2007 年，即样本数是 13，第一组变量数 $p = 4$，第二组变量数 $q = 4$。从 SAS 分析结果看，四个典型相关系数分别为：

$r_1 = 0.998382$，$r_2 = 0.951195$，$r_3 = 0.443560$，$r_4 = 0.355672$

经似然比检验的结果，前两对典型变量在 0.05 显著水平下显著相关。

6. 实验报告要求。

（1）实验报告要以事实为依据，推理要合乎逻辑，不可无根据地臆断。

（2）在写作实验报告时，要按照一定的格式，不能忽视最基本的规范要求。要根据事物的结构特点和逻辑顺序，来考虑表达的形式和表述的方法。

（3）实验报告的表述应具有可读性。语言阐述必须精确、通俗，在不损害规范性的前提下，尽可能使用简洁的语言。

7. 练习实验。

（1）请对股票的交易活跃度和它的基本面之间做一个典型相关分析而设计一个实验（数据 2009/12/18 深沪 A 股交易数据见附件）。

表 6-5 CANCORR 过程产生的典型结构

```
                    The SAS System        12:06 Monday, December 20, 2009

                    The CANCORR Procedure

                      Canonical Structure

      Correlations Between the VAR Variables and Their Canonical Variables

                      V1          V2          V3          V4

      letters      -0.0162      0.7537     -0.1969      0.6268
      expressage    0.7822     -0.2775      0.4954      0.2567
      mobile        0.9911      0.0675     -0.0949      0.0648
      stationary    0.9610      0.2202     -0.1612     -0.0453

      Correlations Between the WITH Variables and Their Canonical Variables

                      W1          W2          W3          W4

      industry      0.9908     -0.0997      0.0414     -0.0821
      agriculture   0.9957     -0.0832     -0.0332      0.0230
      architecture  0.9953     -0.0913     -0.0090      0.0306
      service       0.9983      0.0410     -0.0249      0.0324

  Correlations Between the VAR Variables and the Canonical Variables of the WITH Variables

                      W1          W2          W3          W4

      letters      -0.0162      0.7169     -0.0874      0.2229
      expressage    0.7809     -0.2639      0.2197      0.0913
      mobile        0.9895      0.0642     -0.0421      0.0231
      stationary    0.9594      0.2095     -0.0715     -0.0161

  Correlations Between the WITH Variables and the Canonical Variables of the VAR Variables

                      V1          V2          V3          V4

      industry      0.9892     -0.0948      0.0184     -0.0292
      agriculture   0.9941     -0.0791     -0.0147      0.0082
      architecture  0.9937     -0.0868     -0.0040      0.0109
      service       0.9967      0.0390     -0.0110      0.0115
```

（2）用典型相关分析研究我国农业投入与产出的关系，见表 6-6。

表 6-6 我国农业投入与产出的关系

年份	y_1	y_2	y_3	x_1	x_2	x_3	x_4	x_5	x_6	x_7
1986	3 010	961.32	3.37	31 311	923	5.71	22 950	587	44 226	1 931
1987	3 185	999.59	5.81	31 863	999	5.82	24 836	659	44 403	1 999
1988	3 310	1 026.40	3.92	32 249	1 069	5.93	26 575	712	44 376	2 141
1989	3 413	1 027.20	3.11	33 225	1 103	6.05	28 067	790	44 917	2 357
1990	3 672	1 076.30	7.59	34 117	1 192	6.21	28 707	844	47 403	2 590
1991	3 808	1 089.40	3.70	34 956	1 269	6.58	29 388	963	47 822	2 805
1992	4 052	1 164.50	6.41	34 795	1 411	6.65	30 308	1 107	48 590	2 903
1993	4 368	1 286.00	7.80	33 966	1 621	6.78	31 816	1 245	48 646	3 150
1994	4 744	1 421.00	8.61	33 386	2 888	6.88	33 802	1 474	48 759	3 318
1995	5 261	1 593.40	10.90	33 018	2 276	7.02	36 118	1 656	49 281	3 594
1996	5 756	1 749.00	9.41	32 910	2 619	7.28	38 547	1 813	50 381	3 828
1997	6 135	1 853.80	6.58	33 095	2 761	7.41	42 016	1 980	51 238	3 981
1998	6 503	1 956.80	6.00	33 232	2 926	7.55	45 210	2 042	52 296	4 086

农业产出水平选取如下三个指标作为"产出组"指标，农业总产出（亿元），用农林牧渔业总产值表示，记为 y_1；农业劳动生产率（元/人）用人均农林牧渔业总产值表示，记为 y_2；农业总产出增长速度（%），用农林牧渔业总产值的增长速度表示，记为 y_3。

农业投入水平选取如下 7 个指标作为"投入组"指标：农业劳动投入（人），用从业人数表示，记为 x_1；农业物质消耗（亿元），用农林牧渔业中间消耗价值表示，记为 x_2；农民受教育程度（年），用农民家庭的平均文化程度表示，记为 x_3；农业机械程度（万 kW），用农业机械总动力表示，记为 x_4；农业电力化程度（亿 kwgh），用农村用电量表示，记为 x_5；农业土地投入（khm^2），用有效灌溉面积表示，记为 x_6；化肥施用量（10kt），用农林牧渔业化肥施用量表示，记为 x_7。

实验七

时 间 序 列 模 型

（设计性实验）

一、实验原理

为什么在研究时间序列之前先要介绍随机过程？就是要把时间序列的研究提高到理论高度来认识。时间序列不是无源之水，它是由相应随机过程产生的，只有从随机过程的高度认识了它的一般规律，对时间序列的研究才会有指导意义，对时间序列的认识才会更深刻。

随机过程：由随机变量组成的一个有序序列称为随机过程，记为 $\{x\,(s,\,t),\,s\in S,\,t\in T\}$。其中 S 表示样本空间，T 表示序数集。对于每一个 t，$t\in T$，$x\,(\,\cdot\,,\,t\,)$ 是样本空间 S 中的一个随机变量。对于每一个 s，$s\in S$，$x\,(s,\,\cdot\,)$ 是随机过程在序数集 T 中的一次实现。

$$\{x_1^1,\quad x_2^1,\quad \cdots,\quad x_{T-1}^1,\quad x_T^1\}$$
$$\{x_1^2,\quad x_2^2,\quad \cdots,\quad x_{T-1}^2,\quad x_T^2\}$$
$$\vdots\qquad\vdots\qquad\vdots\qquad\vdots\qquad\vdots$$
$$\{x_1^s,\quad x_2^s,\quad \cdots,\quad x_{T-1}^s,\quad x_T^s\}$$

随机过程简记为 $\{x_t\}$ 或 x_t。随机过程也常简称为过程。

时间序列：随机过程的一次实现称为时间序列，也用 $\{x_t\}$ 或 x_t 表示。

随机过程与时间序列的关系如下所示：

随机过程：$\{x_1,\,x_2,\,\cdots,\,x_{T-1},\,x_T,\}$

第 1 次观测：$\{x_1^1,\,x_2^1,\,\cdots,\,x_{T-1}^1,\,x_T^1\}$

第 2 次观测：$\{x_1^2,\,x_2^2,\,\cdots,\,x_{T-1}^2,\,x_T^2\}$

$$\vdots\qquad\vdots\qquad\vdots\qquad\vdots\qquad\vdots$$

第 n 次观测：$\{x_1^n,\,x_2^n,\,\cdots,\,x_{T-1}^n,\,x_T^n\}$

某河流一年的水位值，$\{x_1,\,x_2,\,\cdots,\,x_{T-1},\,x_T,\}$，可以看做一个随机过程。每一年的水位记录则是一个时间序列，$\{x_1^1, x_2^1, \cdots, x_{T-1}^1, x_T^1\}$。而在每年中同一时刻（如 $t=2$ 时）的水位记录是不相同的。$\{x_2^1, x_2^2, \cdots, x_2^n,\}$ 构成了 x_2 取值的样本空间。

在经济分析和科学研究中，我们经常要对时间序列作分析，这里的时间序列在上面的基础上作了一些理解上的调整，把样本空间看成 1，而时间区间是（$-\infty$，$+\infty$）。面对的就只有这一次实现，从过去到将来，我们的研究目的就在这一次实现中找出规律。如历年居民收入或消费支出数据，股票的日收盘价数据，历年国民生产总值数据等。为了揭示时间序列变动的规律，通常需要根据研究对象自身的特点建立含有时间的数学模型，这样的模型常称为时间序列模型。

（一）随机序列模型

随机性的时间序列模型分为三种类型：自回归模型（Auto-Regressive model，AR）、滑动平均模型（Moving Average model，MA）和自回归滑动平均模型（Auto-Regressive Moving Average model，ARMA）。

1. 自回归模型。若时间序列 x_t 为它的前期值和随机项的线性函数，即：

$$x_t = \phi_1 x_{t-1} + \phi_2 x_{t-2} + \cdots + \phi_p x_{t-p} + u_t$$

其中 ϕ_i，$i=1$，$\cdots$，p 是自回归参数，随机项 u_t 为服从零均值、方差为 σ^2 的正态分布，且互相独立的白噪声序列，称为随机误差项。而且 u_t 与 x_{t-1}，x_{t-2}，$\cdots$，x_{t-p} 不相关，则称 x_t 为 p 阶自回归过程，用 AR（p）表示。x_t 是由它的 p 个滞后变量的加权和以及 u_t 相加而成。

若用滞后算子表示：

$$(1 - \phi_1 L - \phi_2 L^2 - \cdots - \phi_p L^p)\, x_t = \phi\ (L)\ x_t = u_t$$

其中 $\Phi\ (L)\ = 1 - \phi_1 L - \phi_2 L^2 - \cdots - \phi_p L^p$ 称为特征多项式或自回归算子。

与自回归模型常联系在一起的是平稳性问题。对于自回归过程 AR（p），如果其特征方程为：

$$\Phi(z) = 1 - \phi_1 z - \phi_2 z^2 - \cdots - \phi_p z^p = (1 - G_1 z)(1 - G_2 z) \cdots (1 - G_p z) = 0$$

的所有根的绝对值都大于 1，则 AR（p）是一个平稳的随机过程。

2. 滑动平均模型。若时间序列 x_t 为它的当期与前期的随机误差项的线性函数，即：

$$x_t = u_t + \theta_1 u_{t-1} + \theta_2 u_{t-2} + \cdots + \theta_q u_{t-q} = (1 + \theta_1 L + \theta_2 L^2 + \cdots + \theta_q L^q) u_t = \Theta(L) u_t$$

其中 θ_1，θ_2，$\cdots$，θ_q 是回归参数，u_t 为白噪声过程，则上式称为 q 阶移动平均过程，记为 MA（q）。之所以称"移动平均"，是因为 x_t 是由 $q+1$ 个 u_t 和 u_t 滞后项的加权和构造而成。"移动"指 t 的变化，"平均"指加权和。

3. 自回归滑动平均模型。由自回归和移动平均两部分共同构成的随机过程称为自回归移动平均过程，记为 ARMA（p，q），其中 p，q 分别表示自回归和移动平均部分的最大阶数。ARMA（p，q）的一般表达式是：

$$x_t = \phi_1 x_{t-1} + \phi_2 x_{t-2} + \cdots + \phi_p x_{t-p} + u_t + \theta_1 u_{t-1} + \theta_2 u_{t-2} + \cdots + \theta_q u_{t-q}$$

即：

$$(1 - \phi_1 L - \phi_2 L^2 - \cdots - \phi_p L^p) x_t = (1 + \theta_1 L + \theta_2 L^2 + \cdots + \theta_q L^q) u_t$$

或：

$$\Phi(L)\ x_t = \Theta(L)\ u_t$$

其中 $\Phi(L)$ 和 $\Theta(L)$ 分别表示 L 的 p，q 阶特征多项式。

（二）随机时间序列分析模型 AR，MA，ARMA 的识别

自回归滑动平均模型（ARMA）是随机时间序列分析的普遍形式，自回归模型（AR）和滑动平均模型（MA）是它的特殊情况，关于这几类模型的研究，是随机时间序列分析的重点内容，对于 ARMA 模型，在进行参数估计之前，需要进行模型的识别。识别的基本任务是找出 ARMA (p, q) 中的 p 和 q，AR (p) 中的 p，MA (q) 中的 q。识别的基本方法是利用时间序列样本的自相关函数和偏自相关函数。

1. 自相关函数和偏自相关函数。

（1）自相关函数的定义。在给出自相关函数定义之前先介绍自协方差函数概念。由第一部分知随机过程 $\{x_t\}$ 中的每一个元素 x_t，$t = 1, 2, \cdots$ 都是随机变量。对于平稳的随机过程，其期望为常数，用 μ 表示，即

$$E(x_t) = \mu, t = 1, 2, \cdots$$

随机过程的取值将以 μ 为中心上下变动。平稳随机过程的方差也是一个常量：

$$\mathrm{Var}(x_t) = E\big[(x_t - E(x_t))^2\big] = E\big[(x_t - \mu)^2\big] = \sigma_x^2, \quad t = 1, 2, \cdots$$

σ_x^2 用来度量随机过程取值对其均值 μ 的离散程度。

相隔 k 期的两个随机变量 x_t 与 x_{t-k} 的协方差即滞后 k 期的自协方差，定义为：

$$\gamma_k = \mathrm{Cov}\ (x_t,\ x_{t-k})\ = E\ \big[(x_t - \mu)\ (x_{t-k} - \mu)\big]$$

自协方差序列：

$$\gamma_k,\ k = 0,\ 1,\ \cdots,\ K,$$

称为随机过程 $\{x_t\}$ 的自协方差函数。当 $k = 0$ 时：

$$\gamma_0 = \mathrm{Var}(x_t) = \sigma_x^2$$

自相关系数定义：

$$\rho_k = \frac{\mathrm{Cov}\ (x_t,\ x_{t-k})}{\sqrt{\mathrm{Var}\ (x_t)}\ \sqrt{\mathrm{Var}\ (x_{t-k})}}$$

因为对于一个平稳过程有：

$$\mathrm{Var}(x_t) = \mathrm{Var}(x_{t-k}) = \sigma_x^2$$

所以上式可以改写为：

$$\rho_k = \frac{\text{Cov}(x_t, x_{t-k})}{\sigma_x^2} = \frac{\gamma_k}{\sigma_x^2} = \frac{\gamma_k}{\gamma_0}$$

当 $k=0$ 时，有 $\rho_0 = 1$。

以滞后期 k 为变量的自相关系数列：

$$\rho_k, \quad k = 0, 1, \cdots, K$$

称为自相关函数。因为 $\rho_k = \rho_{-k}$ 即 $\text{Cov}(x_{t-k}, x_t) = \text{Cov}(x_t, x_{t+k})$，自相关函数是零对称的，所以实际研究中只给出自相关函数的正半部分即可。

（2）偏自相关函数。偏自相关函数是描述随机过程结构特征的另一种方法。用 ϕ_{kj} 表示 k 阶自回归式中第 j 个回归系数，则 k 阶自回归模型表示为

$$x_t = \phi_{k1} x_{t-1} + \phi_{k2} x_{t-2} + \cdots + \phi_{kk} x_{t-k} + u_t$$

其中 ϕ_{kk} 是最后一个回归系数。若把 $k=1, 2, \cdots$ 的一系列回归式 ϕ_{kk} 看做是滞后期 k 的函数，则称

$$\phi_{kk}, \qquad k = 1, 2, \cdots$$

为偏自相关函数。它由下式中的序号相等的项组成。

$$x_t = \phi_{11} x_{t-1} + u_t$$
$$x_t = \phi_{21} x_{t-1} + \phi_{22} x_{t-2} + u_t$$
$$\vdots$$
$$x_t = \phi_{k1} x_{t-1} + \phi_{k2} x_{t-2} + \cdots + \phi_{kk} x_{t-k} + u_t$$

因偏自相关函数中每一个回归系数 ϕ_{kk} 恰好表示 x_t 与 x_{t-k} 在排除了其中间变量 x_{t-1}，x_{t-2}，$\cdots$，x_{t-k+1} 影响之后的相关系数，

$$x_t - \phi_{k1} x_{t-1} - \phi_{k2} x_{t-2} - \cdots - \phi_{kk-1} x_{t-k+1} = \phi_{kk} x_{t-k} + u_t$$

所以偏自相关函数由此得名。

2. 模型的识别。模型的识别就是通过对相关图的分析，初步确定适合于给定样本的 Arima 模型形式，即确定 d，p，q 的取值。

模型的识别。模型的识别主要依赖于对相关图与偏相关图的分析。在对经济时间序列进行分析之前，首先应对样本数据取对数，目的是消除数据中可能存在的异方差，然后分析其相关图。

识别的第 1 步是判断随机过程是否平稳。第 2 步是在平稳时间序列基础上识别 ARMA 模型阶数 p，q。表 7－1 给出了不同 ARMA 模型的自相关函数和偏自相关函数。当然一个过程的自相关函数和偏自相关函数通常是未知的。用样本得到的只是估计的自相关函数和偏自相关函数，即相关图和偏相关图。建立 ARMA 模型，时间序列的相关图与偏相关图可为识别模型参数 p，q 提供信息。相关图和偏相关图（估计的自相关系数和偏自相关系数）通常比真实的自相关系数和偏自相关系数的方差要大，并表现为更高的自相关。实际中相关图、偏相关图的特征不会像自相关函数与偏自相关函数那样"规范"，所以应该善于从相关图、偏相关图中识别出模型的真实参数 p，q。另外，估计的模型形式不是唯一的，所以在模型识别阶段应多选择几种模型形式，以供进一步选择。

表 7 – 1   Arima 过程与其自相关函数、偏自相关函数的特征

模　　型	自相关函数特征	偏自相关函数特征
Arima（1，1，1） $\Delta x_t = \varphi_1 \Delta x_{t-1} + u_t + \theta_1 u_{t-1}$	缓慢地线性衰减	
AR（1） $x_t = \varphi_1 x_{t-1} + u_t$	若 $\varphi_1 > 0$，平滑的指数衰减 若 $\varphi_1 < 0$，正负交替地指数衰减	若 $\varphi_{11} > 0$，$k=1$ 时有正峰值然后截尾 若 $\varphi_{11} < 0$，$k=1$ 时有负峰值然后截尾
MA（1） $x_t = u_t + \theta_1 u_{t-1}$	若 $\theta_1 > 0$，$k=1$ 时有正峰值然后截尾 若 $\theta_1 < 0$，$k=1$ 时有负峰值然后截尾	若 $\theta_1 > 0$，交替式指数衰减 若 $\theta_1 < 0$，负的平滑式指数衰减

模　　型	自相关函数特征	偏自相关函数特征
AR（2） $x_t = \varphi_1 x_{t-1} + \varphi_2 x_{t-2} + u_t$	指数或正弦衰减 （两个特征根为实根） （两个特征根为共轭复根）	$k=1$，2 时有两个峰值然后截尾 （$\varphi_1 > 0$，$\varphi_2 > 0$） （$\varphi_1 < 0$，$\varphi_2 < 0$）
MA（2） $x_t = u_t + \theta_1 u_{t-1} + \theta_2 u_{t-2}$	$k=1$，2 有两个峰值然后截尾 （$\theta_1 > 0$，$\theta_2 < 0$） （$\theta_1 > 0$，$\theta_2 > 0$）	指数或正弦衰减 （$\theta_1 > 0$，$\theta_2 < 0$） （$\theta_1 > 0$，$\theta_2 > 0$）
ARMA（1，1） $x_t = \varphi_1 x_{t-1} + u_t + \theta_1 u_{t-1}$	$k=1$ 有峰值然后按指数衰减 （$\varphi_1 > 0$，$\theta_1 > 0$） （$\varphi_1 > 0$，$\theta_1 < 0$）	$k=1$ 有峰值然后按指数衰减 （$\varphi_1 > 0$，$\theta_1 > 0$） （$\varphi_1 > 0$，$\theta_1 < 0$）

模　　型	自相关函数特征	偏自相关函数特征
ARMA（2，1） $x_t = \varphi_1 x_{t-1} + \varphi_2 x_{t-2} + u_t$ $+ \theta_1 u_{t-1}$	$k=1$ 有峰值然后按指数或正弦衰减 $(\varphi_1>0,\ \varphi_2<0,\ \theta_1>0)$	$k=1,2$ 有两个峰值然后按指数衰减 $(\varphi_1>0,\ \varphi_2<0,\ \theta_1>0)$
ARMA（1，2） $x_t = \varphi_1 x_{t-1} + u_t + \theta_1 u_{t-1}$ $+ \theta_2 u_{t-2}$	$k=1,2$ 有两个峰值然后按指数衰减 $(\varphi_1>0,\ \theta_1>0,\ \theta_2<0)$ $(\varphi_1>0,\ \theta_1>0,\ \theta_2>0)$	$k=1$ 有峰值然后按指数或正弦衰减 $(\varphi_1>0,\ \theta_1>0,\ \theta_2<0)$ $(\varphi_1>0,\ \theta_1>0,\ \theta_2>0)$
ARMA（2，2） $x_t = \varphi_1 x_{t-1} + \varphi_2 x_{t-2} + u_t +$ $\theta_1 u_{t-1} + \theta_2 u_{t-2}$	$k=1,2$ 有两个峰值然后按指数或正弦衰减 $(\varphi_1>0,\ \varphi_2<0,\ \theta_1>0,\ \theta_2<0)$ $(\varphi_1>0,\ \varphi_2<0,\ \theta_1>0,\ \theta_2>0)$	$k=1,2$ 有两个峰值然后按指数或正弦衰减 $(\varphi_1>0,\ \varphi_2<0,\ \theta_1>0,\ \theta_2<0)$ $(\varphi_1>0,\ \varphi_2<0,\ \theta_1>0,\ \theta_2>0)$

（三）随机时间序列分析模型（AR，MA，ARMA）的参数估计

1. 样本协方差和样本自相关系数的估计。通常需要使用样本的相关系数来估计 ARMA 模型，为此，首先介绍如何通过样本来估计这些相关系数，假设现有已知均值为 0 的样本序列为 $x_1, x_2, \cdots, x_n$，定义滞后期为 k 的样本序协方差为：

$$\hat{r}_k = \hat{r}_{-k} = \frac{1}{n} \sum_{t=1}^{n-k} x_t x_{t+k}, \ (k = 1, 2, \cdots, n-1)$$

样本自相关系数为：

$$\hat{\rho}_k = \hat{\rho}_{-k} = \hat{r}_k / \hat{r}_0, (k = 1, 2, \cdots, n-1)$$

Yule-Walker 建立了 AR（p）模型的模型参数 $\phi_1, \phi_2, \cdots, \phi_p$ 与自相关函数 $\rho_1, \rho_2, \cdots, \rho_p$ 的关系。则对经识别后的 AR（p）模型，首先利用实际时间序列提供的信息，求得自相关函数估计值 $\hat{\rho}_1, \hat{\rho}_2, \cdots, \hat{\rho}_p$，然后再代入上式，则可求出模型参数的估计值 $\hat{\phi}_1, \hat{\phi}_2, \cdots, \hat{\phi}_p$，以及

$$\hat{\sigma}_\mu^2 : \begin{pmatrix} \hat{\phi}_1 \\ \hat{\phi}_2 \\ \vdots \\ \hat{\phi}_p \end{pmatrix} \begin{bmatrix} \hat{\rho}_0 & \hat{\rho}_1 & \cdots & \hat{\rho}_{p-1} \\ \hat{\rho}_1 & \hat{\rho}_0 & \cdots & \hat{\rho}_{p-2} \\ \vdots & \vdots & & \vdots \\ \hat{\rho}_{p-1} & \hat{\rho}_{p-2} & \cdots & \hat{\rho}_0 \end{bmatrix}^{-1} = \begin{pmatrix} \hat{\rho}_1 \\ \hat{\rho}_2 \\ \vdots \\ \hat{\rho}_p \end{pmatrix} \qquad (7-1)$$

$$\hat{\sigma}_\mu^2 = \hat{r}_0 - \sum_{j=1}^p \hat{\phi}_j \hat{r}_j = \hat{r}_0 - \sum_{i,j=1}^p \hat{\phi}_i \hat{\phi}_j \hat{r}_{j-i} \qquad (7-2)$$

2. MA（q）模型的估计。将 MA（q）模型的自协方差函数中的各个量用估计量代替，得到

$$\hat{r}_k = \begin{cases} \hat{\sigma}_\mu^2 (1 + \hat{\theta}_1^2 + \hat{\theta}_2^2 + \cdots + \hat{\theta}_q^2) & \text{当 } k=0 \\ \hat{\sigma}_\mu^2 (-\hat{\theta}_k + \hat{\theta}_1 \hat{\theta}_{k+1} + \cdots + \hat{\theta}_{q-k} \hat{\theta}_q) & \text{当 } 1 \leq k \leq q \\ 0 & \text{当 } k > q \end{cases}$$

利用实际时间序列提供的信息，首先求得自相关函数估计值，再由方程组

$$\begin{cases} \hat{r}_0 = \hat{\sigma}_\mu^2 (1 + \hat{\theta}_1^2 + \hat{\theta}_2^2 + \cdots + \hat{\theta}_q^2) \\ \hat{r}_1 = \hat{\theta}_\mu^2 (-\hat{\theta}_1 + \hat{\theta}_1 \hat{\theta}_2 + \cdots + \hat{\theta}_{q-1} \hat{\theta}_q) \\ \qquad \vdots \\ \hat{r}_{q-1} = \hat{\sigma}_\mu^2 (-\hat{\theta}_{q-1} + \hat{\theta}_1 \hat{\theta}_q) \\ \hat{r}_q = \hat{\sigma}_\mu^2 (-\hat{\theta}_q) \end{cases} \qquad (7-3)$$

解出 $\hat{\theta}_1, \hat{\theta}_2, \cdots, \hat{\theta}_q, \hat{\sigma}_\mu^2$。由于式（7-3）为非线性方程组，故一般可用迭代法求解。

3. ARMA（p，q）模型的矩估计。在 ARMA（p，q）模型中共有 $p+q+1$ 个待估计 ϕ_1, $\phi_2, \cdots, \phi_p; \theta_1, \theta_2, \cdots, \theta_q; \hat{\sigma}_\mu^2$，各估计量计算步骤及公式如下：

（1）估计 $\phi_1, \phi_2, \cdots, \phi_n$，计算公式为：

$$\begin{pmatrix} \hat{\phi}_1 \\ \hat{\phi}_2 \\ \vdots \\ \hat{\phi}_p \end{pmatrix} = \begin{bmatrix} \hat{\rho}_q & \hat{\rho}_{q-1} & \cdots & \hat{\rho}_{q-p+1} \\ \hat{\rho}_{q+1} & \hat{\rho}_q & \cdots & \hat{\rho}_{q-p} \\ \vdots & \vdots & & \vdots \\ \hat{\rho}_{q+p-1} & \hat{\rho}_{q+p-2} & \cdots & \hat{\rho}_q \end{bmatrix}^{-1} \begin{pmatrix} \hat{\rho}_{q+1} \\ \hat{\rho}_{q+2} \\ \vdots \\ \hat{\rho}_{q+p} \end{pmatrix} \qquad (7-4)$$

其中，$\hat{\rho}_i (i = q-p+1, q-p+2, \cdots, q+p)$ 是由样本观测数据所计算出的自相关函数估计值，即样本自相关系数。

（2）改写模型，求 $\theta_1, \theta_2, \cdots, \theta_q, \sigma_\mu^2$ 的估计值，将模型

$$x_t = \hat{\phi}_1 x_{t-1} + \hat{\phi}_2 x_{t-2} + \cdots + \hat{\phi}_p x_{t-p} + \mu_{t-1} - \theta_1 \mu_{t-1} - \theta_2 x_{t-2} - \cdots - \theta_q x_{t-q}$$

改写为：

$$x_t - \hat{\phi}_1 x_{t-1} - \hat{\phi}_2 x_{t-2} - \cdots - \hat{\phi}_p x_{t-p} = \mu_{t-1} - \theta_1 \mu_{t-1} - \theta_2 x_{t-2} - \cdots - \theta_q x_{t-q} \qquad (7-5)$$

并且令：

$$\tilde{x}_t = x_t - \hat{\phi}_1 x_{t-1} - \hat{\phi}_2 x_{t-2} - \cdots - \hat{\phi}_p x_{t-p}, \quad \tilde{x}_t = \mu_t - \theta_1 \mu_{t-1} - \theta_2 \mu_{t-2} - \cdots - \theta_q \mu_{t-q} \qquad (7-6)$$

构成一个 MA（q）式（7-6），参数 $\theta_1, \theta_2, \cdots, \theta_q, \sigma_\mu^2$ 为待估计的参数。则可按照上述 MA（q）模型的参数估计方法进行估计。

另外对 AR（p）模型也可以使用最小二乘估计。若参数估计值 $\hat{\phi}_1, \hat{\phi}_2, \cdots, \hat{\phi}_p$ 已经得到，即有：

$$x_t = \hat{\phi}_1 x_{t-1} + \hat{\phi}_2 x_{t-2} + \cdots + \hat{\phi}_p x_{t-p} + \mu_t$$

则残差平方和为：

$$S(\hat{\phi}) = \sum_{t=p+1}^{n} \hat{\mu}_t^2 = \sum_{t=p+1}^{n} (x_t - \hat{\phi}_1 x_{t-1} - \hat{\phi}_2 x_{t-2} - \cdots - \hat{\phi}_p x_{t-p})^2 \qquad (7-7)$$

根据最小二乘法原理，$\hat{\phi}_1, \hat{\phi}_2, \cdots, \hat{\phi}_p$ 应为下列方程组的解：

$$\frac{\partial S(\hat{\phi})}{\partial \hat{\phi}_i} = 0$$

即有：

$$\sum_{t=p+1}^{n} (x_t - \hat{\phi}_1 x_{t-1} - \hat{\phi}_2 x_{t-2} - \cdots - \hat{\phi}_p x_{t-p}) x_{t-i} = 0 \qquad (i = 1, 2, \cdots, p) \qquad (7-8)$$

解该方程组，即可得到待估参数的估计值。

为了与 AR（p）模型的 Yule-Walker 方程估计进行比较，将式（7-8）改写为：

$$\frac{\hat{\phi}_1}{n} \sum_{t=p+1}^{n} x_{t-1} x_{t-i} + \frac{\hat{\phi}_2}{n} \sum_{t=p+1}^{n} x_{t-2} x_{t-i} + \cdots + \frac{\hat{\phi}_p}{n} \sum_{t=p+1}^{n} x_{t-p} x_{t-i} = \frac{1}{n} \sum_{t=p+1}^{n} x_t x_{t-i}$$
$$(i = 1, 2, \cdots, p) \qquad (7-9)$$

由自协方差函数的定义，并用自协方差函数的估计值：

$$\hat{r}_k = \frac{1}{n} \sum_{t=p+1}^{n-k} x_{t+k} x_t$$

则式（7-9）可以化为：

$$\hat{r}_i = \hat{\phi}_1 \hat{r}_{i-1} + \hat{\phi}_2 \hat{r}_{i-2} + \cdots + \hat{\phi}_p \hat{r}_{i-p}, \qquad (i = 1, 2, \cdots, p)$$

解此线性方程组，得：

$$\begin{pmatrix} \hat{\phi}_1 \\ \hat{\phi}_2 \\ \vdots \\ \hat{\phi}_p \end{pmatrix} = \begin{bmatrix} \hat{r}_0 & \hat{r}_1 & \cdots & \hat{r}_{p-1} \\ \hat{r}_1 & \hat{r}_0 & \cdots & \hat{r}_{p-2} \\ \vdots & \vdots & & \vdots \\ \hat{r}_{p-1} & \hat{r}_{p-2} & \cdots & \hat{r}_0 \end{bmatrix}^{-1} \begin{pmatrix} \hat{r}_1 \\ \hat{r}_2 \\ \vdots \\ \hat{r}_p \end{pmatrix} \qquad (7-10)$$

即为参数的最小二乘估计。与 AR（p）模型的 Yule-Walker 方程估计式（7-1）比较，当 n 足够大时，二者是一致的。σ_μ^2 的估计值为：

$$\sigma_\mu^2 = \frac{1}{n-p} \sum_{t=p+1}^{n} \hat{\mu}_t^2 = \frac{S}{n-p}$$

值得注意的是，上文中对时间序列的识别、参数估计都是建立在平稳的基础上，而实践中，时间序列往往是不平稳的，这时首先要对数据平稳化处理，而后再识别并进行参数估计。通常的做法是对时间序列进行差分，再对差分后的序列识别其平稳性。如果仍不具备平稳性，则需进行二次差分，直到差分后的序列平稳为止。对差分后满足平稳的序列的模型类型进行识别、参数估计和上文介绍的方法是一样的，唯一不同的是现在的分析对象是差分后的序列而非原始序列。由此所建立的模型称为 Arima 模型，记为 Arima（p, d, q），其中 p 为自回归阶数，d 为差分的阶数，q 为移动平均阶数。它有以下几种特殊形式：

当 $d=0$，$q=0$，$p \neq 0$，则模型简化成 AR（p）模型；

当 $d=0$，$p=0$，$q \neq 0$，则模型简化成 MA（q）模型；

当 $d \neq 0$，$q=0$，$p \neq 0$，则模型简化成 ARI（p）模型；

当 $d \neq 0$，$p=0$，$q \neq 0$，则模型简化成 IMA（q）模型。

二、实验软件平台

Sas/Ets 是用于计量经济与时间序列分析的专用软件。该软件包括了近几十年来发展起来的大部分时间序列分析方法。这里我们主要介绍 Sas/Ets 的 Arima 过程与 Autoreg 过程来建立模型的步骤并根据所建立的模型进行预测的方法，本节先介绍 Arima 过程及其应用。

Arima 过程提供了一个综合工具包来进行一元时间序列的模型识别、参数估计以及预测，并且我们可以在被分析的各种 Arima 或 Arimax 模型中灵活地使用该工具包中的工具。Proc Arima 执行分析通常分为三个阶段：识别阶段、估计和诊断检测阶段和预测阶段。

Arima 过程的一般格式。

（1）Arima 过程常用语句格式。

Arima 过程常用语句格式如下：

proc arima < data = sas-data-set > < out = sas-data-set >；

by variables；

identify var = variables options；

estimate options；

forecast options；

（2）Arima 过程常用语句的说明。

在 Arima 过程中，Identify Var 语句、Estimate 语句、Forecast 语句和 by 语句都是很常见的语句，它们常常跟在 Proc Arima 语句后面。

① Identify 语句。Identify 语句是用来指定响应时间序列并识别候选 Arima 模型的。Identify 语句在读入后面语句中所用到的时间序列后，根据需要可以对时间序列进行差分，然后计算出自相关系数、逆自相关系数、偏自相关系数和互相关系数。此阶段的输出通常会建议一个或多个可拟合的 Arima 模型。

在 Identify 语句中常用选项有：

Center：这是对所分析的时间序列进行中心化。要注意的是 Center 选项通常与 Estimate 语句的 Noconstant 选项联合使用。

Nlag = number：这是指定计算自相关系数、互相关系数过程中所需要考虑的时间间隔个数。如果缺省，则实际为 24，是观察个数的四分之一中较小的一个。

Outcov = Sas-data-set：输出一个包含协方差、自相关系数、逆自相关系数、偏自相关系数，以及互协方差的 Sas 数据集。

需要指出的是，在使用上述选项的同时，务必使用 Var = variables options。Var 语句是用来指定分析变量的。

② Estimate 语句。Estimate 语句对前面 Identify 语句中指定的响应时间序列拟合 Arima 模型，或转移函数模型并且估计该模型的参数。Estimate 语句也生成诊断统计量，从而帮助用户判断所选模型的适用性。

在 Estimate 语句中经常使用如下一些选项：

a. 用于定义和估计模型的选项。主要有：

P = order | P = (lag, lag, …, lag) … (lag, lag, …, lag)：这是指定模型的自回归部分。P = m 与 P = (1, 2, …, m) 是等价的；P = (lag, lag, …, lag) (lag, lag, …, lag) 则描述了一个自回归的模型的具体形式，比如，P = (1, 3, 8) (6, 15) 就指定了如下的自回归模型：$(1 - \phi_{11}B - \phi_{12}B^3 - \phi_{13}B^8)(1 - \phi_{21}B^6 - \phi_{22}B^{15})$。

Q = order | q = (lag, lag, …, lag) … (lag, lag, …, lag)：这是指定模型的滑动平均部分。q = n 与 P = (1, 2, …, n) 是等价的；q = (lag, lag, …, lag) (lag, lag, …, lag) 则描述了一个滑动平均模型的具体形式，例如，q = (1) (12) 就意味着使用 $(1 - \theta_1 B)(1 - \theta_2 B^{12})$ 滑动平均模型进行拟合。

Input = variable：这是指定输入变量或转移函数。

Noconstant｜Noint：其意思是从模型中取消均值项后，再进行模型的拟合。

Method = value：这是指定估计参数的方法。参数估计的方法有三种，它们是最大似然法（简写为 ML）、无约束最小二乘法（简写为 ULS）、条件最小二乘法（简写为 CLS）。

b. 有关数据集输出的选项。主要有：

Outest = sas-data-set：这是将参数估计存放到输出的 SAS 数据集中去。

Outcov：其意思是将有关参数估计的协方差进行输出。

Outcorr：其意思是将有关参数估计的相关系数进行输出。

Outmodel = sas-data-set：这是将估计模型写到一个输出数据集中去。

Outstat = sas-data-set：这是将模型诊断的有关统计量写到一个输出数据集中去。

用于指定参数值的选项。主要有：

Ar = value1 value2…valueK：这是指定自回归模型参数的起始值。

Ma = value1 value2…valueL：这是指定滑动平均模型参数的起始值。

Mu = value：这是指定有关均值参数的起始值。

Initval =（initialize-spec variable…）：这是指定转移函数的参数的起始值。

c. 控制迭代估计过程的选项。主要有：

Converge = value：这是指定估计的收敛准则。如果缺省，则收敛准则为 Convereg = 0. 01。

Maxiter = N｜Maxit = N：这是指定最多迭代次数。如果缺省，则 Maxiter = 50。

Singular = value：这是指定检验奇异性的准则。如果缺省，则检验奇异性的准则为 Singular = 1E － 7。

Nostable：其意思是对模型噪声部分的自回归和滑动平均参数省略平稳性与可逆性检验。

③ Forecast 语句。Forecast 语句可用来进行时间序列未来值的预测，并产生相应的置信区间。在 Forecast 语句中经常使用如下一些选项：

Alpha = value：这是指定有关预测的置信区间。"数值"必须位于 0 与 1 之间。如果缺省，则 Alpha = 0. 005，即意味着生成 95% 的置信区间。常用是"数值"为 0. 01，0. 05，0. 1。

Lead = N：这是指定要预测的步数。如果缺省，则 Lead = 24，即对从输入序列末尾开始的 24 个时刻进行预测。

Printall：其意思是要打印出所有有关的预测值与残差数据。

最后需要指出的是，前述的 Identify 语句、Estimate 语句和 Forecast 语句之间具有一定的层次关系。Identify 语句引入了一个需要建模的时间序列，随后的几个 Estimate 语句是为时间序列估计不同的 Arima 模型，而对于美国估计的模型，又可以使用几个 Forecast 语句。因此，Forecast 语句之前一定要有 Estimate 语句，而 Estimate 语句之前也一定要有 Identify 语句。附加的 Identify 语句是用来对一个不同的响应序列进行建模或改变差分的次数。

三、具体实验要求

1. 实验目的：通过 AR（p）、MA（q）以及 ARMA（p，q）随机序列的模拟，掌握不同参数 AR 模型图形的变化特征；掌握 AR 模型、MA 模型自相关函数和偏自相关函数的各自不同特点，并以此识别 AR 模型、MA 模型和 ARMA 模型。

2. 实验要求及学时：实验形式（个人）；实验学时数 4。

3. 实验环境及材料：（使用的软件系统、实验设备、主要仪器、材料等）。装有版本为8.1 以上的 SAS 系统的个人电脑（每人1台）。

4. 实验内容。运用 SAS 系统中 Arima 过程进行时间序列分析与建模。

5. 实验方法和操作步骤。

（1）导入整理时间序列数据。

```
data ll;
input date：date9.；
cards;
13 - Dec - 91
16 - Dec - 91
数据见数据表
run;
proc import out = work. sj
datafile = "d: \ work \ shz. xls"
dbms = excel2000 replace;
getnames = yes;
run;
data sy7 (keep = date close);
merge sj ll;
run;
```

（2）识别 ARIMA 模型。

```
proc arima data = sy7;
identify var = close nlag = 8;
run; /* arima 模型的识别* /
```

这一步的结果在表7-2、表7-3和表7-4，分析如下：从上面的分析结果得出，这不是一个白噪声模型相近的时间点上变量值是有相关的，可以建立时间序列模型。

（3）建立 AR（1），并检验拟合效果。

```
data sy7;
set sy7;
sy = dif (close) /lag (close);
run;
proc arima data = sy7; /* 建立 AR (1) * /
identify var = sy nlag = 8;
estimate p = 1;
run;
```

结果见表7-5：模型是否接受是根据白噪声检验效果。这里的 P 值为 < 0.0001。意味

着这个模型并不很适合，建立的模型为 $Sy_t = 0.0009369 + \dfrac{1}{(1 - 0.0606L)}U_t$。

表 7－2   **数据的描述性统计和自相关系数**

```
                    The SAS System        08:38 Monday, December 20, 2009
                    The ARIMA Procedure
                    Name of Variable = close

                    Mean of Working Series    1575.966
                    Standard Deviation        980.5325
                    Number of Observations        4368

                              Autocorrelations
    Lag    Covariance    Correlation   -1 9 8 7 6 5 4 3 2 1 0 1 2 3 4 5 6 7 8 9 1   Std Error
     0       961444       1.00000       |********************|          0
     1       960111       0.99861       .|********************|          0.015131
     2       958741       0.99719       .|********************|          0.026183
     3       957402       0.99580       .|********************|          0.033776
     4       955971       0.99431       .|********************|          0.039936
     5       954445       0.99272       .|********************|          0.045250
     6       952947       0.99116       .|********************|          0.049988
     7       951488       0.98965       .|********************|          0.054301
     8       950020       0.98812       .|********************|          0.058284
```

表 7－3   **数据的逆自相关和偏自相关系数**

```
                          Inverse Autocorrelations

        Lag    Correlation   -1 9 8 7 6 5 4 3 2 1 0 1 2 3 4 5 6 7 8 9 1
         1      -0.51134          **********|.
         2       0.03335                   .|*
         3      -0.02207                   .|.
         4      -0.02177                   .|.
         5       0.01926                   .|.
         6       0.01086                   .|.
         7      -0.00946                   .|.
         8       0.00117                   .|.

                          Partial Autocorrelations

        Lag    Correlation   -1 9 8 7 6 5 4 3 2 1 0 1 2 3 4 5 6 7 8 9 1
         1       0.99861                   .|********************
         2      -0.01439                   .|.
         3       0.01113                   .|.
         4      -0.03553                  *|.
         5      -0.03534                  *|.
         6       0.00966                   .|.
         7       0.01440                   .|.
         8      -0.00238                   .|.
```

表 7－4   **白噪声检验**

```
                    The SAS System        08:38 Monday, December 20, 2009
                    The ARIMA Procedure
                Autocorrelation Check for White Noise

    To     Chi-            Pr >
    Lag    Square    DF    ChiSq    --------------------Autocorrelations--------------------
     6    9999.99     6   <.0001    0.999    0.997    0.996    0.994    0.993    0.991
```

表 7 -5   **AR (1) 模型和检验结果**

```
                              The SAS System        08:38 Monday, December 20, 2009

                              The ARIMA Procedure

                         Autocorrelation Check for White Noise

   To    Chi-          Pr >
   Lag   Square   DF   ChiSq   -------------------Autocorrelations-------------------

    6    34.14    6    <.0001   0.061   0.049   0.024   0.034   0.007   0.002


                        Conditional Least Squares Estimation

                                      Standard            Approx
          Parameter    Estimate        Error    t Value   Pr > |t|   Lag

          MU          0.0009369     0.0004747    1.97     0.0485      0
          AR1,1       0.06060       0.01511      4.01     <.0001      1


                        Constant Estimate       0.00088
                        Variance Estimate       0.000869
                        Std Error Estimate      0.029471
                        AIC                     -18386.5
                        SBC                     -18373.8
                        Number of Residuals     4367
                      * AIC and SBC do not include log determinant.


                           Correlations of Parameter
                                  Estimates

                        Parameter      MU      AR1,1

                        MU           1.000     0.000
                        AR1,1        0.000     1.000
```

(4) 建立 MA (1)，并检验拟合效果。

proc arima data = sy7; /* 建立 MA (1) * /

identify var = sy nlag = 8;

estimate q = 1;

run;

结果见表 7 -6，建立的模型为 $Sy_t = 0.0009369 + (1 + 0.05561L) U_t$。

(5) 建立 ARMA (1，1)，并检验拟合效果。

proc arima data = sy7; /* 建立 ARMA (1，1) * /

identify var = sy nlag = 8;

estimate p = 1 q = 1;

run;

(6) 建立 ARIMA (0，1，1)，并检验拟合效果。

data sy7;

set sy7;

if (sy < 0. 02) & (sy > - 0. 02);

run;

proc gplot data = sy7;

plot sy* date;

run;

表 7 - 6　　　　　　　　　　　MA（1）模型和检验结果

```
                         The SAS System        08:38 Monday, December 20, 2009
                         The ARIMA Procedure
                    Autocorrelation Check for White Noise

      To    Chi-          Pr >
     Lag   Square   DF   ChiSq  -------------------Autocorrelations-------------------
      6    34.14    6   <.0001   0.061   0.049   0.024   0.034   0.007   0.002

                    Conditional Least Squares Estimation

                               Standard              Approx
         Parameter   Estimate    Error    t Value   Pr > |t|   Lag
         MU         0.0009369  0.0004709    1.99     0.0467      0
         MA1,1      -0.05561    0.01511    -3.68     0.0002      1

                   Constant Estimate     0.000937
                   Variance Estimate     0.000869
                   Std Error Estimate    0.029476
                   AIC                   -18385.2
                   SBC                   -18372.4
                   Number of Residuals       4367
                 * AIC and SBC do not include log determinant.

                       Correlations of Parameter
                              Estimates

                   Parameter      MU      MA1,1

                   MU          1.000   -0.000
                   MA1,1      -0.000    1.000
```

```
proc arima data = sy7;
identify var = sy nlag = 24;
estimate q = 1;
run;
data sy7;
set sy7;
ss = dif (sy);
run;
proc gplot data = sy7;
plot ss* date;
run;
proc arima data = sy7;
identify var = ss nlag = 24;
estimate q = 1;
run;
```

结果见表 7 - 7：这里的 P 值为 0.0717 > 0.05。这个模型通过了白噪声检验。

（7）利用建立的 ARMA（1，1）进行预测。

```
proc arima data = sy7;
identify var = ss nlag = 24;
estimate q = 1;
```

表 7 - 7 白噪声检验的结果

					Autocorrelation Check of Residuals					
To Lag	Chi - Square	DF	Pr > ChiSq	----------- Autocorrelations -----------						
6	10.13	5	0.0717	-0.039	0.032	0.012	0.010	-0.016	-0.006
12	16.53	11	0.1224	0.012	0.033	-0.018	0.009	-0.010	0.014
18	21.89	17	0.1890	0.017	0.011	0.018	-0.014	0.013	0.022
24	28.77	23	0.1879	-0.027	-0.007	-0.005	-0.030	0.018	0.006
30	31.29	29	0.3519	0.010	0.011	0.001	-0.020	0.006	0.010
36	33.24	35	0.5532	0.008	0.005	-0.006	-0.001	-0.005	0.021
42	35.76	41	0.7022	-0.008	0.007	-0.009	-0.011	-0.001	-0.021
48	43.16	47	0.6324	-0.007	0.012	-0.016	0.013	-0.040	-0.002

forecast lead = 12 id = ss out = results;

run;

结果见表 7 - 8。

表 7 - 8 12 步的预测结果

		Forecasts for variable ss		
Obs	Forecast	Std Error	95% Confidence Limits	
3323	-0.0007	0.0092	-0.0187	0.0173
3324	0.0000	0.0128	-0.0251	0.0251
3325	0.0000	0.0128	-0.0251	0.0251
3326	0.0000	0.0128	-0.0251	0.0251
3327	0.0000	0.0128	-0.0251	0.0251
3328	0.0000	0.0128	-0.0251	0.0251
3329	0.0000	0.0128	-0.0251	0.0251
3330	0.0000	0.0128	-0.0251	0.0251
3331	0.0000	0.0128	-0.0251	0.0251
3332	0.0000	0.0128	-0.0251	0.0251
3333	0.0000	0.0128	-0.0251	0.0251
3334	0.0000	0.0128	-0.0251	0.0251

6. 实验报告要求。根据要求写出完整的实验报告，报告要有详细的软件操作过程，并要求有详实的统计分析过程。实验报告的表述应具有可读性。语言阐述必须精确、通俗，在不损害规范性的前提下，尽可能使用简洁的语言。

7. 练习实验。

（1）该序列为从 1949 ~ 1998 年的每年 7 月份的平均温度序列，绘制时序图和通过分析判断该序列的平稳性（进行白噪声检验），见表 7 - 9。

表 7 - 9

年份	温度（℃）	年份	温度（℃）	年份	温度（℃）
1949	38.8	1966	39.5	1983	37.2
1950	35.6	1967	35.8	1984	36.1
1951	38.3	1968	40.1	1985	35.1
1952	39.6	1969	35.9	1986	38.5
1953	37	1970	35.3	1987	36.1
1954	33.4	1971	35.2	1988	38.1
1955	39.6	1972	39.5	1989	35.8
1956	34.6	1973	37.5	1990	37.5
1957	36.2	1974	35.8	1991	35.7
1958	37.6	1975	38.4	1992	37.5
1959	36.8	1976	35	1993	35.9
1960	38.1	1977	34.1	1994	37.2
1961	40.6	1978	37.5	1995	35
1962	37.1	1979	35.9	1996	36
1963	39	1980	35.1	1997	38.2
1964	37.5	1981	38.1	1998	37.2
1965	38.5	1982	37.3		

（2）该序列为某国内机场国际航线月度旅客数据，通过分析判断该序列的平稳性及纯随机性拟合 ARMA 模型对该序列的未来发展进行预测，见表 7 - 10。

表 7 - 10

年＼月	1月	2月	3月	4月	5月	6月	7月	8月	9月	10月	11月	12月
1998	112	118	132	129	121	135	148	148	136	119	104	118
1999	115	126	141	135	125	149	170	170	158	133	114	140
2000	145	150	178	163	172	178	199	199	184	162	146	166
2001	171	180	193	181	183	218	230	242	209	191	172	194
2002	196	196	236	235	229	243	264	272	237	211	180	201
2003	204	188	235	227	234	264	302	293	259	229	203	229
2004	242	233	267	269	270	315	364	347	312	274	237	278
2005	284	277	317	313	318	374	413	405	355	306	271	306
2006	315	301	356	348	355	422	465	467	404	347	305	336
2007	340	318	362	348	363	435	491	505	404	359	310	337
2008	360	342	406	396	420	472	548	559	463	407	362	405
2009	417	391	419	461	472	535	622	606	508	461	390	432

实验八

金融计算与建模
（综合性实验）

一、实验原理

金融工程作为一门新兴学科，在美国一流大学的商学院、数学系和工程学院如火如荼地开展起来，其综合了金融学、数学、统计学和计算机等多方面知识，主要包括资本市场理论、投资组合管理、期货和期权、资产定价、公司财务、投资学、固定收益、利率模型、风险管理、金融创新、资产负债管理等课程，核心是用数学和计算机解决金融问题。本实验为了让同学对后面的金融计算有一个初步的认识，所以我们从金融计算的最基本计算——收益率的计算开始。

股票收益率指投资于股票所获得的收益总额与原始投资额的比率。股票得到投资者的青睐，是因为购买股票所带来的收益。股票的绝对收益率就是股息，相对收益就是股票收益率。股票收益分为三类：持有期收益、资本收益和累积收益。无论股票还是其他类金融资产，最常用的收益指标是持有期收益和资本收益。由于持有期和资本收益的计算相对比较麻烦，所以，在通常情况下，是以股票累积收益指标作为计算示例。本实验也只计算股票的相关累积收益指标。

（一）收益率的定义

我们知道金融资产的价格一般是随时间而变化的，是一个典型的时间序列。假设某只股票在时刻 t 的价格为 P_t，它的百分比收益率和连续复利收益率分别定义如下：

单期百分比收益率为：

$$R_t = \left(\frac{P_t}{P_{t-1}} - 1 \right) \times 100\%$$

而 k 期收益率为：

$$R_t(k) = (1 + R_t)(1 + R_{t-1}) \cdots (1 + R_{t-k+1}) - 1$$
$$= \frac{P_t}{P_{t-1}} \cdot \frac{P_{t-1}}{P_{t-2}} \cdots \frac{P_{t-k+1}}{P_{t-k}} - 1$$
$$= \frac{P_t}{P_{t-k}} - 1$$

k 期平均收益率为：$\bar{R}_t(k) = (R_t + R_{t+1} + \cdots + R_{t+k})/k$，如本实验中的某种周收益定义为本周内 5 个交易日的平均收益率。

单期连续复利收益率为：

$$r_t = \ln\ (1 + R_t)\ = \ln\left(\frac{P_t}{P_{t-1}}\right) = h_t - h_{t-1}$$

其中，$h_t = \ln(P_t)$。多期连续复利收益率为：

$$r_t(k) = \ln(1 + R_t(k))$$
$$= \ln\left[(1 + R_t)(1 + R_{t-1}) \cdots (1 + R_{t-k+1})\right]$$
$$= \ln(1 + R_t) + \ln(1 + R_{t-1}) + \cdots + \ln(1 + R_{t-k+1})$$
$$= r_t + r_{t-1} + \cdots + r_{t-k+1}$$

连续复利收益率也称为对数收益率。金融工程里的很多计算都要用到自然对数，确实其有很多的优良性质：如当价格变动幅度较大时，用 $(P_t - P_{t-1})/P_{t-1}$ 和 $(P_t - P_{t-1})/P_t$ 作为收益度量的差别就会很大，这样会给我们实际应用带来很多的不方便，而用对数收益率就可以避免这种缺点。而且利用对数的运算法则，使得高频数据与低频数据之间有了简单的加法关系：

$$r_t(k) = \ln\frac{P_t}{P_{t-k}} = \ln\frac{P_t}{P_{t-1}} + \cdots + \ln\frac{P_{t-k+1}}{P_{t-k}} = r_t + \cdots + r_{t-k+1}$$

当然以自然对数差计算股价收益率带来的方便远不止这些，对数据的进一步研究会发现还有很多优势，可以使一些问题简化很多。

（二）收益率的加总

表 8 - 1　　　　　　　收益率加总（return aggregation）结果

加总方式（aggregation）	时序（temporal）	截面（cross-section）
百分比收益率（percent）	$R_i(T) = \prod_{t=1}^{T}(1 + R_{it}) - 1$	$R_{pt} = \sum_{i=1}^{N} \omega_i R_{it}$
连续复利收益率 （continuosly compound returns）	$r_i(T) = \sum_{t=1}^{T} r_{it}$	$r_{pt} = \ln\left(\sum_{i=1}^{N} \omega_i e^{r_{it}}\right)$

从表 8 - 1 中可以看出，当进行时序加总时，用连续复利收益率比较方便；而对资产进行截面加总时，百分比收益率更简单。

注意：考虑股票的收益率通常会有两个思路，一种为考虑现金红利再投资的股票收益率，另一种为不考虑现金红利的股票收益率。本实验为了简化问题，利于学生理解收益率的计算，我们在计算中不考虑现金红利的股票收益率。

二、具体实验要求

1. 实验目的：股票收益率是金融工程学的基础，在金融学知识的系统中占有举足轻重的地位，如风险度量、资产定价都离不开股票收益率的计算。设立这个实验，让学生掌握使用 SAS 系统计算股票不同周期的收益率，以及一系列刻画收益率分布特征指标的方法，使学生更好地理解股票收益率，为后面的学习打下扎实的基础。

2. 实验要求及学时：实验形式（个人）；实验学时数 4。

3. 实验环境及材料：使用的软件系统、实验设备、主要仪器、材料等。装有版本为 8.1 以上的 SAS 系统的个人电脑（每人 1 台）。

4. 实验内容：掌握使用 SAS 系统计算股票不同周期的收益率以及投资组合的收益率。

5. 实验步骤和参考程序：

（1）导入时间序列/＊时间是从 1991 年 12 月 13 日到 2009 年 11 月 13 日＊/

```
data ll;
input date：date9. ;
cards;
13 - Dec - 91
16 - Dec - 91
…
11 - Nov - 09
12 - Nov - 09
13 - Nov - 09
;
```

run; /＊这里由于时间序列太长，为节省篇幅，省去了很多时间数据。同学们练习时可以参考数据表中的时间变量，本书以后类似的情形都做了相同的处理＊/

（2）导入整理数据。

```
            proc import out = work. sj
            datafile = "d:\ work \ shz. xls"
            dbms = excel2000 replace;
            getnames = yes;
run;
data lwh;
merge sj ll;
run;
data lwhh (keep = time date year month day weekday);
```

```
set lwh;
year = year (date);
month = month (date);
day = day (date);
weekday = weekday (date) － 1;
run; /* 把日期转化成相应的年、月、日和星期* /
data lwh;
merge lwh lwhh;
run;
```

（3）计算股票的周收益率。/ * 通常计算股票收益率的周期有日、周、月和年。而我们的数据一般是从日出发（当然也可以直接下载周、月和年的数据来计算），本程序是设计从日数据出发计算上证指数的周和年的收益率，这样算出来的是周和年的日平均收益率。后面我们也直接用周和年数据计算，那样算出来的是周和年的到期收益率，二者是不一样的。希望读者细心体会 * /

```
data zsy (keep = date sy dssy);
set lwh;
if weekday = 1;
sy = dif (close) /lag (close);
dssy = log (1 + sy);
run; /*  计算周收益率* /
proc gplot data = zsy;
plot sy* date;
plot dssy* date;
run;
```

结果见图 8 - 1、图 8 - 2。

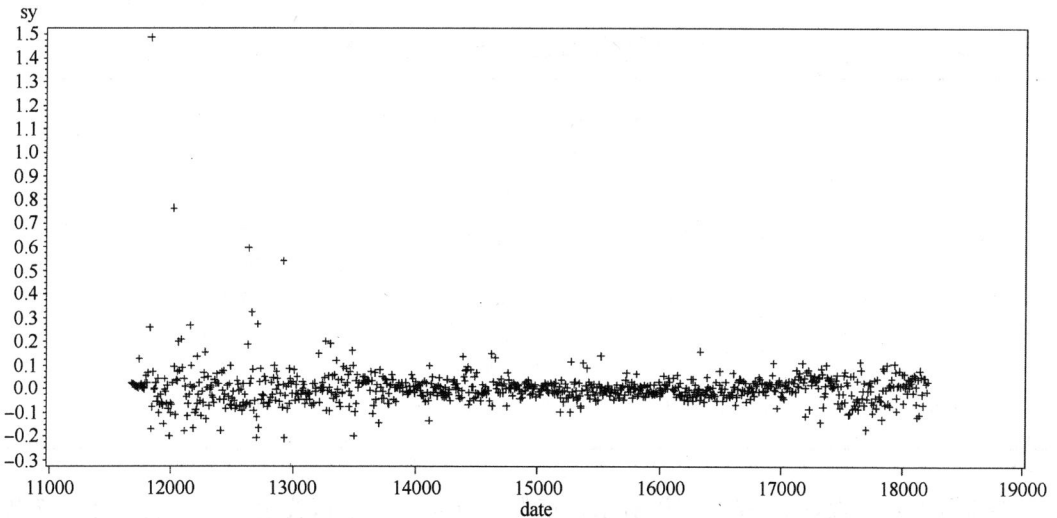

图 8 - 1　周单期收益

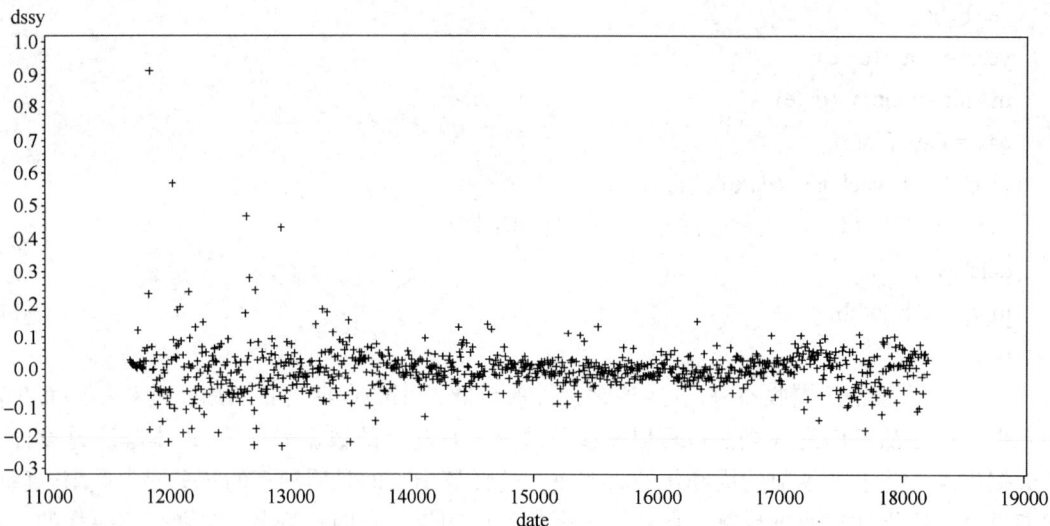

图 8 – 2　周复利收益

结果分析：从图 8 – 2 我们可以清晰地看出：市场的收益率在两头的波动比较大，而在中间的波动是较少的。熟悉证券市场的读者知道，在 2001 ~ 2006 年有一个长达五年的熊市，这是制度原因造成的。这个时期的市场进入平缓下跌的过程，收益率波动较小。而在市场建立之初的时候，参与市场的投资者不成熟，市场投机氛围较浓，反映在收益率上就是波动幅度较大。而 2006 年后期经历了股权分置改革，消除了一些体制上的障碍，市场进入一个三年的牛市。收益率的幅度变化又有明显的增大。可见这个数据处理分析出的结果真实地反映了市场的实际情况。

```
proc univariate data = zsy;
    var sy;
    run;
```

表 8 – 2　　　　　　　　　　上证指数周收益的描述性统计量

The UNIVARIATE Procedure			
Variable：sy			
Moments			
N	867	Sum Weights	867
Mean	0.00554583	Sum Observations	4.80823363
Std Deviation	0.08439139	Variance	0.00712191
Skewness	7.86117393	Kurtosis	120.878719
Uncorrected SS	6.19423631	Corrected SS	6.16757067
Coeff Variation	1521.70917	Std Error Mean	0.00286608

结果分析：从表 8 – 2 我们可以看出，市场成立至今，上海交易所一共交易了 867 周，平均每周收益率是 0.006，方差为 0.08。以后会知道这个方差反映了一种交易风险，8% 左

右的波动，说明股市的交易风险是不小的（因为我们有涨跌幅限制）。

（4）下面是计算 1992～2009 年的年平均收益率。/ * 对当年所有交易日的收益率进行平均取值 * /

```
data nsy (keep = year sy date);
set lwh;
sy = dif (close) /lag (close);
run;
data kk1992  kk1993  kk1994  kk1995  kk1996  kk1997  kk1998  kk1999  kk2000
kk2001  kk2002  kk2003  kk2004  kk2005  kk2006  kk2007  kk2008  kk2009;
set nsy;
if year = 1992 then output kk1992;
if year = 1993 then output kk1993;
if year = 1994 then output kk1994;
if year = 1995 then output kk1995;
if year = 1996 then output kk1996;
if year = 1997 then output kk1997;
if year = 1998 then output kk1998;
if year = 1999 then output kk1999;
if year = 2000 then output kk2000;
if year = 2001 then output kk2001;
if year = 2002 then output kk2002;
if year = 2003 then output kk2003;
if year = 2004 then output kk2004;
if year = 2005 then output kk2005;
if year = 2006 then output kk2006;
if year = 2007 then output kk2007;
if year = 2008 then output kk2008;
if year = 2009 then output kk2009;
run;
/*  把原来的数据按年分开* /
proc means data = kk1992 noprint; var sy; output out = sum1992; run;
proc means data = kk1993 noprint; var sy; output out = sum1993; run;
proc means data = kk1994 noprint; var sy; output out = sum1994; run;
proc means data = kk1995 noprint; var sy; output out = sum1995; run;
proc means data = kk1996 noprint; var sy; output out = sum1996; run;
proc means data = kk1997 noprint; var sy; output out = sum1997; run;
proc means data = kk1998 noprint; var sy; output out = sum1998; run;
proc means data = kk1999 noprint; var sy; output out = sum1999; run;
proc means data = kk2000 noprint; var sy; output out = sum2000; run;
```

```
proc means data = kk2001 noprint; var sy; output out = sum2001; run;
proc means data = kk2002 noprint; var sy; output out = sum2002; run;
proc means data = kk2003 noprint; var sy; output out = sum2003; run;
proc means data = kk2004 noprint; var sy; output out = sum2004; run;
proc means data = kk2005 noprint; var sy; output out = sum2005; run;
proc means data = kk2006 noprint; var sy; output out = sum2006; run;
proc means data = kk2007 noprint; var sy; output out = sum2007; run;
proc means data = kk2008 noprint; var sy; output out = sum2008; run;
proc means data = kk2009 noprint; var sy; output out = sum2009; run;
/* 按日求出每年的日平均收益* /
data sum1992; set sum1992; keep sy; run;
data sum1993; set sum1993; keep sy; run;
data sum1994; set sum1994; keep sy; run;
data sum1995; set sum1995; keep sy; run;
data sum1996; set sum1996; keep sy; run;
data sum1997; set sum1997; keep sy; run;
data sum1998; set sum1998; keep sy; run;
data sum1999; set sum1999; keep sy; run;
data sum2000; set sum2000; keep sy; run;
data sum2001; set sum2001; keep sy; run;
data sum2002; set sum2002; keep sy; run;
data sum2003; set sum2003; keep sy; run;
data sum2004; set sum2004; keep sy; run;
data sum2005; set sum2005; keep sy; run;
data sum2006; set sum2006; keep sy; run;
data sum2007; set sum2007; keep sy; run;
data sum2008; set sum2008; keep sy; run;
data sum2009; set sum2009; keep sy; run;
proc transpose data = sum1992   out = sum1992; var sy; run;
proc transpose data = sum1993   out = sum1993; var sy; run;
proc transpose data = sum1994   out = sum1994; var sy; run;
proc transpose data = sum1995   out = sum1995; var sy; run;
proc transpose data = sum1996   out = sum1996; var sy; run;
proc transpose data = sum1997   out = sum1997; var sy; run;
proc transpose data = sum1998   out = sum1998; var sy; run;
proc transpose data = sum1999   out = sum1999; var sy; run;
proc transpose data = sum2000   out = sum2000; var sy; run;
proc transpose data = sum2001   out = sum2001; var sy; run;
proc transpose data = sum2002   out = sum2002; var sy; run;
```

```
proc transpose data = sum2003    out = sum2003; var sy; run;
proc transpose data = sum2004    out = sum2004; var sy; run;
proc transpose data = sum2005    out = sum2005; var sy; run;
proc transpose data = sum2006    out = sum2006; var sy; run;
proc transpose data = sum2007    out = sum2007; var sy; run;
proc transpose data = sum2008    out = sum2008; var sy; run;
proc transpose data = sum2009    out = sum2009; var sy; run;
data sum1992 (keep = col4 year); set sum1992; year = 1992; run;
data sum1993 (keep = col4 year); set sum1993; year = 1993; run;
data sum1994 (keep = col4 year); set sum1994; year = 1994; run;
data sum1995 (keep = col4 year); set sum1995; year = 1995; run;
data sum1996 (keep = col4 year); set sum1996; year = 1996; run;
data sum1997 (keep = col4 year); set sum1997; year = 1997; run;
data sum1998 (keep = col4 year); set sum1998; year = 1998; run;
data sum1999 (keep = col4 year); set sum1999; year = 1999; run;
data sum2000 (keep = col4 year); set sum2000; year = 2000; run;
data sum2001 (keep = col4 year); set sum2001; year = 2001; run;
data sum2002 (keep = col4 year); set sum2002; year = 2002; run;
data sum2003 (keep = col4 year); set sum2003; year = 2003; run;
data sum2004 (keep = col4 year); set sum2004; year = 2004; run;
data sum2005 (keep = col4 year); set sum2005; year = 2005; run;
data sum2006 (keep = col4 year); set sum2006; year = 2006; run;
data sum2007 (keep = col4 year); set sum2007; year = 2007; run;
data sum2008 (keep = col4 year); set sum2008; year = 2008; run;
data sum2009 (keep = col4 year); set sum2009; year = 2009; run;
data npjsy;
set sum1992   sum1993   sum1994   sum1995   sum1996   sum1997   sum1998   sum1999
sum2000   sum2001   sum2002   sum2003   sum2004   sum2005   sum2006   sum2007
sum2008   sum2009;
run;
/* 把每年的日平均收益率整理到数据表 npjsy 中来* /
proc gplot data = npjsy;
symbol i = join v = star color = red;
plot col4* year;
run;
```

结果见图 8 - 3：

结果分析：从图 8 - 3 可以清晰地看到，2008 年是中国建立股票市场以来收益率最低的一年。在 2007 年的中期，全球经济在美国次贷危机的引发下发生了金融海啸，其中全球的股市是重灾区，普遍跌去了 50% 以上。中国上海 A 股从 2007 年 10 月的 6124 点跌到 2009 年

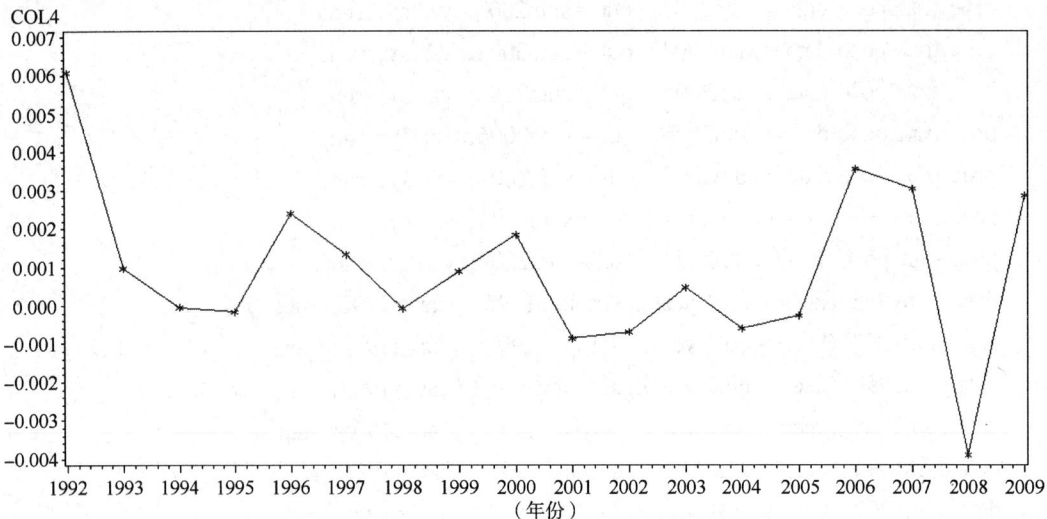

图 8 – 3　股票年收益率

年初的 1800 余点，中间没有过任何像样的反弹。在中国基本保持着每年都有一次不错行情的传统，但是在 2008 年这个传统也彻底破除了，所以 2008 年环境的恶劣可以想象。同学们可以从图 8 – 3 中 2008 年这个深沟中再次体会一下这次全球金融海啸的冲击。而 2009 年在中国政府的 4 万亿元刺激方案的出台，中国经济带动全球的经济全面复苏以及股市对 2008 年深跌的纠正，这些带动 2009 年股市的收益率全面反转，并且达到了前面所讲 2006 年由股权分置改革带动的牛市的收益率水平。

（5）直接用周和年的数据算出来的周和年的收益率。

proc import out = work. zjzsj

datafile = "d:\ work \ zjzsj. xls"

dbms = excel2000 replace;

getnames = yes;

run; /* 导入的这个数据本身周期就是周，所以不要像前面一样进行数据整理，而直接计算即可* /

data zjzsj (keep = time sy);

set zjzsj;

sy = dif (close) /lag (close);

run;

proc gplot data = zjzsj;

plot sy* time;

run;

proc import out = work. zjnsj

datafile = "d:\ work \ zjnsj. xls"

dbms = excel2000 replace;

getnames = yes;

```
run;
data zjnsj (keep = time sy);
set zjnsj;
sy = dif (close) /lag (close);
run;
proc gplot data = zjnsj;
plot sy* time;
run;
```

（6）投资组合下的收益率（时间是 2006/10/30 到 2010/04/23，组合股票是大族激光（002008）、凯恩股份（002012）和海特高新（002023）日收益率，组合比率是均匀分配）。

```
proc import out = work. sj
datafile = "d: \ work \ tzzh. xls"
dbms = excel2000 replace;
getnames = yes;
run;
data lwh;
set sj;
sy2008 = (high1 - low1) /lag (close1);
sy2012 = (high2 - low2) /lag (close2);
sy2023 = (high3 - low3) /lag (close3);
sy = 1/3* sy2008 + 1/3* sy2012 + 1/3* sy2023;
run;
proc gplot data = lwh;
plot sy2008* time1;
plot sy2012* time1;
plot sy2023* time1;
plot sy* time1;
run;
```

结果分析：从图 8 - 7 中可知，三只股票组合投资的收益率变动范围在 0.02 ~ 0.13 之间。图 8 - 4：大族激光（002008）日收益率变动范围是 0.02 ~ 0.15，图 8 - 5：凯恩股份（002012）日收益率变动范围是 0.02 ~ 0.16，图 8 - 6：海特高新（002023）日收益率的变动范围是 0.02 ~ 0.16，对照可以清晰看到，最简单的组合方式都可以明显平缓它的收益率波动，达到优化投资和分散风险的目的。

6. 实验报告要求。

（1）实验报告要以事实为依据，推理要合乎逻辑，不可无根据地臆断。

（2）在写作实验报告时，要按照一定的格式，不能忽视最基本的规范要求。要根据事物的结构特点和逻辑顺序，来考虑表达的形式和表述的方法。

（3）实验报告的表述应具有可读性。语言阐述必须精确、通俗，在不损害规范性的前提下，尽可能使用简洁的语言。

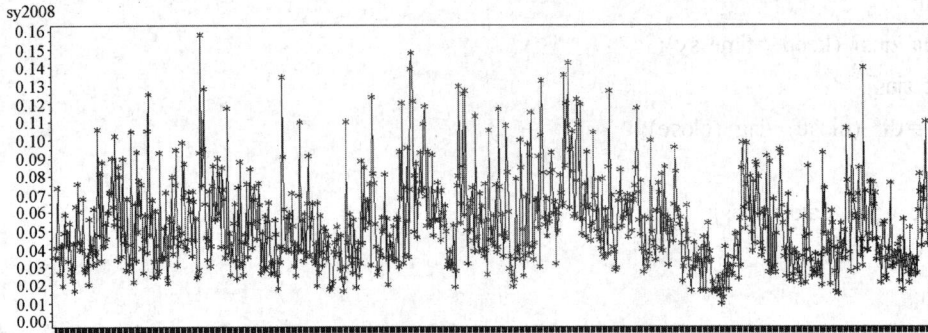

图 8 – 4   大族激光（002008）日收益率

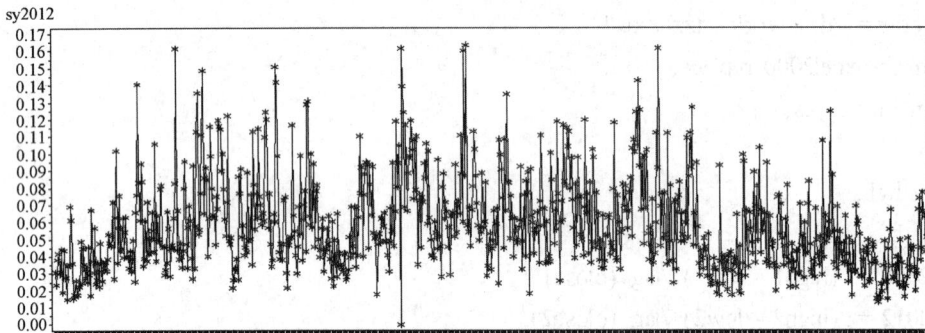

图 8 – 5   凯恩股份（002012）日收益率

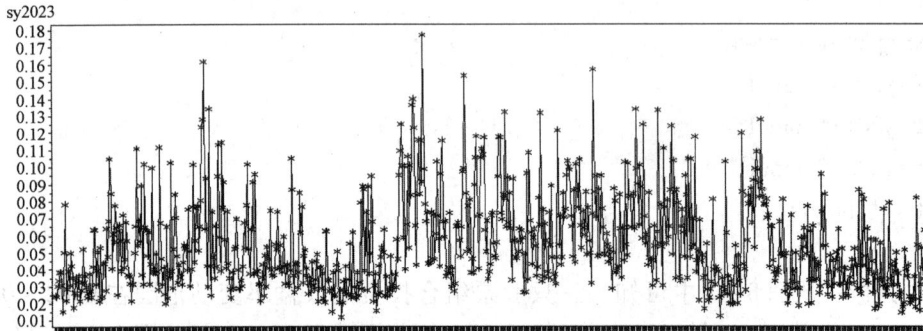

图 8 – 6   海特高新（002023）日收益率

7. 练习实验。

（1）利用上面的数据表计算上证指数周期为月的日平均收益率。

（2）对实验中的步骤 4 的程序进行简化，然后对照体会 SAS 编程的艺术。

答案提示：data lwh (keep = time date year month day weekday sy dssy ss);

set lwh;

sy = dif (close) /lag (close);

dssy = log (1 + sy);

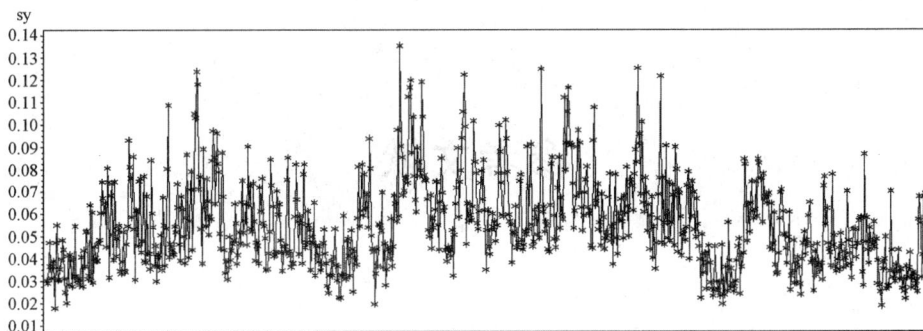

图 8 - 7　三只股票平均分配组合收益率

```
ss = 1;
run;
data ww;
set lwh;
sysum + sy;
dssysum + dssy;
sssum + ss;
run;
data ww1;
set ww;
if year = lag (year) then nian = 2;
else nian = 1;
run;
data ww2;
set ww1;
if nian = 1;
run;
data ww3 (keep = year sy1 ss1 dssy1 npjsy npjflsy);
set ww2;
sy1 = sysum-lag (sysum);
ss1 = sssum-lag (sssum);
dssy1 = dssysum-lag (dssysum);
npjsy = sy1/ss1;
npjflsy = dssy1/ss1;
run;
```

参考文献

1. 岳朝龙，黄永兴．SAS 与现代经济统计分析．中国科技大学出版社，2007
2. 汪远征，徐雅静．SAS 软件与统计应用教程．北京：机械工业出版社，2009
3. 高惠璇等编译．SAS 系统·Base SAS 软件使用手册．北京：中国统计出版社，1997
4. 高惠璇等编译．SAS 系统·SAS/STAT 软件使用手册．北京：中国统计出版社，1997
5. 高惠璇等编译．SAS 系统·SAS/ETS 软件使用手册．北京：中国统计出版社，1998
6. 上海 SAS 办事处编．SAS 基础教程．上海：上海科学技术出版社，1997
7. 胡良平．现代统计学与 SAS 应用．上海：军事医学科学出版社，2000
8. 洪楠，侯军．SAS for Windows 统计分析系统教程．北京：电子工业出版社，2001
9. 高惠璇．实用统计方法与 SAS 系统．北京：北京大学出版社，2001
10. ［美］古扎拉蒂著．林少宫译．计量经济学．北京：经济科学出版社，2000
11. 严忠，肖彰仁，岳朝龙．概率论与数理统计新编．合肥：中国科技大学出版社，2003
12. ［美］M. 汉伯格著．虞正逸等译．决策统计分析．北京：中国统计出版社，1991
13. 赵彦云．宏观经济统计分析．北京：中国人民大学出版社，1999
14. 郭志刚．社会统计分析方法——SPSS 软件应用．北京：中国人民大学出版社，1999
15. 王学民．应用多元分析．上海：上海财经大学出版社，1999
16. 于秀林，任雪松．多元统计分析．北京：中国统计出版社，1999
17. 董麓．数据分析方法．大连：东北财经大学出版社，2001
18. 罗积玉，邢英．经济统计分析方法及预测．北京：清华大学出版社，1987
19. 彭昭英．世界统计与分析——SAS 系统应用开发指南．北京：北京希望电子出版社，2000
20. 朱世武．SAS 编程技术教程．北京：清华大学出版社，2007